动物口图鉴

看！好大的嘴

综合研究大学院大学校长
[日] 长谷川真理子 主编

[日] 岩间翠 绘

戴蓉 译

北京联合出版公司
Beijing United Publishing Co.,Ltd.

前言

　　大家有没有仔细观察过自己的嘴呢？大家刷牙的时候、每天吃饭的时候，经常会留意到嘴这个器官。那么其他动物的嘴长什么样？狗嘴、鱼嘴、鸟嘴……除了人类，其他动物也都有嘴。我们觉得其他动物都有嘴很正常，并不会特别在意。但是，我们仔细观察一下就会发现，不同的动物，嘴的形状和作用各不相同。还有，我们不太熟悉的动物也有嘴。昆虫的嘴是什么样的，你认真观察过吗？

　　在这本图鉴中，我们的话题就是嘴这个器官，观察各种动物的嘴巴。一般的生物图鉴，主要是介绍动物、植物等包罗万象的生物知识。它们的目的是介绍这个地球上存在的各类生物，帮助读者识别他们发现的生物是什么（确定物种名称）。

　　这本图鉴比较特别。图鉴中会出现各种各样的动物，但重点在于介绍这些动物的嘴的形状和作用，以便让大家知道嘴的多样性以及它们能发挥什么样的作用。

　　动物的身体是一个独立于外界的封闭系统。动物的嘴属开放型，是从外界摄取营养的部位。动物是靠自己四处活动"获取（食用）"外界的某些东西赖以生存的生物，因此它们的嘴巴形状各不相同（读了本书，你就会明白，虽然也有极个别的例外）。本身不动的植物，则以另一种形式汲取营养，它们没有嘴。如果植物也有嘴，那就太可怕了。动物的嘴除了吃，还有各种别的用途。请大家想想自己都用嘴做些什么，说话必须用嘴，笑、咧嘴或者做其他表情时，嘴也是重要的部位之一。

2020 年以来，新冠病毒肆虐全球。这种病毒存在于人们的唾液中，当人们说话或笑的时候，病毒随着唾液飞沫从口中飞出，飘浮在空中，吸入飞沫的人就会被感染。这叫飞沫传播。为了防止这种情况发生，人们大力提倡戴口罩。这样一来，嘴这个部位就被遮住了，不太容易看清对方的表情，人与人之间的感情交流也变得困难。可见嘴除了吃东西，还发挥着别的重要作用。

接下来，我们一起来欣赏动物们形态各异的嘴，感受它们带给我们的震撼吧。

长谷川真理子

目录

本书的使用方法和学习要领 · · · · · · · · · · · · · 008

关于嘴的基本 "功能"

嘴到底是什么？ · · · · · · · · · · · · · · 010

动物的嘴是怎么形成的 · · · · · · · · · · · 011

生物的进化和嘴 · · · · · · · · · · · · · · 012

植物有嘴吗？ · · · · · · · · · · · · · · · 014

嘴除了吃东西以外的功能 · · · · · · · · · · 015

从鸣叫到调节体温 · · · · · · · · · · · · · 016

第 **1** 章 ········· 不断进化的嘴

人 · · · · · · · · · 018

狗 · · · · · · · · · 020

达尔文雀 · · · · · 022

美国短吻鳄 · · · · 024

牛 · · · · · · · · · 026

日本雨蛙 · · · · · 028

裂唇鱼 · · · · · · 030

云斑白条天牛 · · · · 032

饭冢蚯蚓 · · · · · · 034

海星 · · · · · · · · 036

真海鞘 · · · · · · · 038

宽结大头蚁 · · · · · 040

马岛长喙天蛾 · · · · 042

专栏 01　单细胞生物有嘴吗？ · · · · · · · · · · 044

第**2**章　舌头**和**牙齿**真有趣**

宽吻海豚 · · · · · · 046

亚洲象 · · · · · · · · 054

日本绿啄木鸟 · · · · 048

红鳍东方鲀 · · · · 056

高冠变色龙 · · · · · 050

独角仙 · · · · · · · 058

一角鲸 · · · · · · · 052

专栏 02　能用公式来表示牙齿吗？ · · · · · · 060

第**3**章　可怕的嘴、奇怪的嘴

夜鹰 · · · · · · · · 062

高翔蚜 · · · · · · · 074

日本七鳃鳗 · · · · 064

花蛤 · · · · · · · · 076

尖嘴后鳍颌针鱼 · · 066

蝶螺 · · · · · · · · 078

纳氏臀点脂鲤 · · · 068

鸭嘴兽 · · · · · · · 080

噬人鲨 · · · · · · · 070

尖角水虱 · · · · · · 082

等指海葵 · · · · · · 072

白纹伊蚊 · · · · · · 084

瑞氏大生熊虫 · · · · 086

萨摩管虫 · · · · · · · 088

专栏 03　从未见过的生物的嘴 · · · · · · · · · · 090

第4章 　可爱的嘴

海獭 · · · · · · · · · 092

印太江豚 · · · · · · · 094

反嘴鹬 · · · · · · · · 096

短尾矮袋鼠 · · · · · 098

日本大鲵 · · · · · · · 100

太平洋褶柔鱼 · · · · 102

普通卷甲虫 · · · · · 104

专栏 04　换牙是为了什么 · · · · · · · · · · · · · 106

第5章　雄性用嘴一决胜负！

家猫 · · · · · · · · · 108

深海鮟鱇 · · · · · · · 110

虎皮鹦鹉 · · · · · · · 112

黄鳝（田鳗）· · · · 114

鲑鱼 · · · · · · · · · 116

专栏 05 　雄性、雌性和嘴的故事 · · · · · · · · · 118

第 **6** 章 · · · · · · · · · 　**危险的嘴**

滞育小鲵 · · · · · · · 120 　　马 · · · · · · · · · · 126

鲤鱼 · · · · · · · 122 　　日本蝮 · · · · · · · 128

香鱼 · · · · · · · · 124 　　座头鲸 · · · · · · · 130

专栏 06 　颚骨变成了耳朵 · · · · · · · · · · · 132

词汇表 · · · · · · · · · · · · · · · · 133

亲自调研掌握知识 · · · · · · · · · · · · · 140

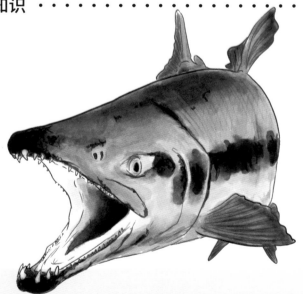

本书的使用方法和学习要领

1 寻找动物

本书共介绍 52 种动物。我们一页一页来了解这些进入我们视野的动物吧。

2 了解学名

每一种动物全世界都通用的名字叫作学名，为了便于区分，用斜体拉丁文来表示。例如浣熊和貉，不同的地方叫法不同，但只要是同一种动物，它们的学名就是相同的。像梅花鹿和马鹿，长得相似，学名不同，就说明它们不是同一种动物。

3 了解分类

生物有各种各样的种类。按相似的种类归纳起来叫分类。以前按照生物的形态来分类，但近年来则是通过分析生物的 DNA（脱氧核糖核酸），重新进行分类。

什么是分类

分类是对生物按照"界、门、纲、目、科、属、种"进行细致划分。简单说，就是表明生物的亲缘关系。如果同属就是非常近的亲缘关系，如果同科不同属，关系就稍微远一点，如果连门都不同，那就是关系非常远的类别。有意思的是，有的生物虽然在类别上关系很远，但有着非常相似的形态和部位；相反，有的生物虽然类别相近，形态却不相同。

牛

学名：*Bos taurus*

分类：脊索动物门哺乳纲
偶蹄目（牛目）牛科

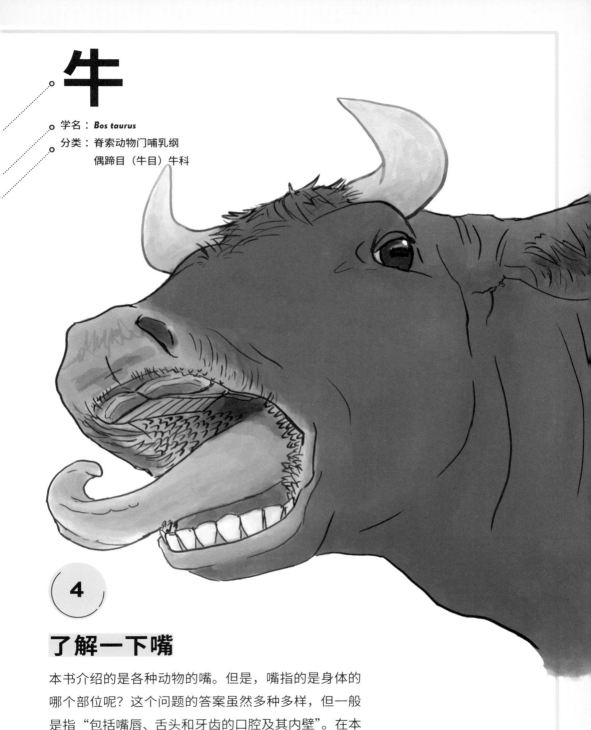

4

了解一下嘴

本书介绍的是各种动物的嘴。但是，嘴指的是身体的
哪个部位呢？这个问题的答案虽然多种多样，但一般
是指"包括嘴唇、舌头和牙齿的口腔及其内壁"。在本
书中，我们把鱼的鳃和鸟的喙也算作嘴的一部分。

关于嘴的基本"功能"

嘴到底是什么？

嘴这个部位有什么作用呢？

嘴是食物最先通过的部位。在这里，食物被咀嚼、磨碎，与唾液混合，这是消化的第一个步骤。

嘴的形状的多样性是由动物所吃的食物和嘴的其他功能决定的。肉食动物的嘴是捕捉猎物、咀嚼肉的工具；食草动物的嘴则是将草送进嘴里并磨碎的工具；有的动物用嘴过滤小的浮游生物吃；有的动物用吸管一样的嘴吸食花蜜。嘴的构造非常复杂，包括嘴唇、上下颚、舌头和周围的肌肉等。

嘴的功能不仅是吃东西。除了吃，还有很多别的功能，因此形状各不相同。通过观察动物的嘴，就可以知道它吃什么，另外还用嘴做什么，如何长大成熟，有着什么样的祖先。嘴这个部位，隐藏着动物的秘密。

这本书里写了很多神奇的嘴。但是，为什么会有这么神奇的嘴呢？请大家一边阅读一边想象动物怎么使用嘴，又为什么会变成这样。

动物的嘴是怎么形成的

所有动物都有嘴，但并非一开始就是现在的形状。动物由一个受精卵生长发育而成。

动物的身体从一个受精卵开始。受精卵在不断分裂的过程中，长出了原肠胚的胚孔（原口）。胚孔延伸到身体的另一头，形成消化道。

最初的胚孔形成嘴的动物称为原口动物。昆虫、虾、蟹等节肢动物，贝、鱿鱼、章鱼等软体动物都属于这个类别。

最初的胚孔形成肛门，而与之相对的后口形成了嘴，这就是后口动物。包括人类在内的脊椎动物，海胆、海星、海参等多数棘皮动物都属于这个类别。

对比一下

如果把原口动物虾和后口动物人比较一下，就会发现他们不仅前后相反，上下也颠倒了。你听过"把虾线抽掉"这种说法吗？虾的内脏位于背部，神经位于腹部。而人的内脏当然在腹部，神经穿过的脊骨则在背部。

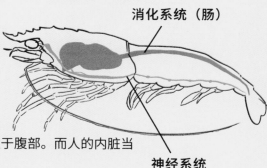

消化系统（肠）

神经系统

生物的进化和嘴

现存的生物都有共同的祖先。大约 38 亿年前，地球上诞生了最初的生命。此后，生物不断进化，衍化出几万种。

右页是一棵进化树，它描绘了生物的进化和分支谱系。大家可以看到左侧根的部分是最早诞生的生物，后来就形成了右边的很多分支。从这棵进化树可以看出生物的亲缘关系。例如，我们哺乳类和爬虫类分岔点离得很近。而哺乳动物和昆虫，分岔点离得很远。这表明，哺乳类和爬虫类是近亲，哺乳类和昆虫的关系就比较疏远。

只有那些充分利用栖息地和食物的动物，才能大量存活并繁衍后代进化成现在这样。在这个过程中，发挥重要作用的就是嘴。进化树中的近亲，往往嘴也相似。与此相反，有的关系虽然疏远嘴却很相似，这叫"趋同进化"，即在相似的环境中生活的生物，有时会演化出相似的形态。也许大家在这本书里也能发现趋同进化。认真找找看吧。

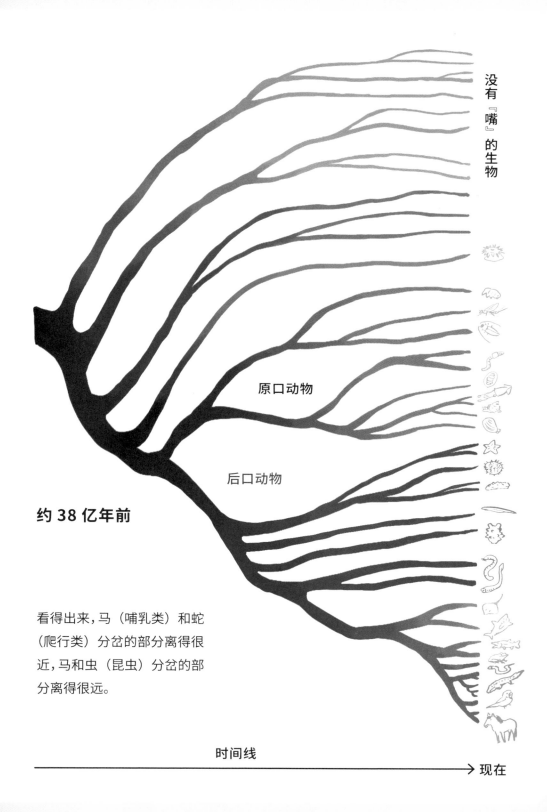

没有『嘴』的生物

原口动物

后口动物

约 38 亿年前

看得出来，马（哺乳类）和蛇（爬行类）分岔的部分离得很近，马和虫（昆虫）分岔的部分离得很远。

时间线

现在

植物有嘴吗?

　　植物没有嘴,它们如何获得营养?植物可以通过光合作用,利用光和二氧化碳、水制造所需的能量,因此不需要"吃"。无法通过水和光合作用获得的营养,则从根部吸收。有些植物让生长在根上的细菌为它们提供营养。

　　植物之所以是绿色的,是为了吸收其他颜色的光,进行光合作用。不被吸收的绿光反射出去或穿透植物,因此植物看起来是绿色的。红色海藻(从严格意义上来说,海藻不是植物)吸收的是光线中红色以外的颜色。

捕食动物的植物

有些植物居然会捕食动物,它们被称为"食虫植物"。食虫植物本身也进行光合作用,但由于生长在营养物质缺乏的土壤中,因此会捕捉昆虫等小动物来补充营养。它们捕捉动物的"工具"各不相同。右图中的捕蝇草用的是像捕兽夹一样的"工具",猪笼草是用陷阱,而毛毡苔则使用黏液。

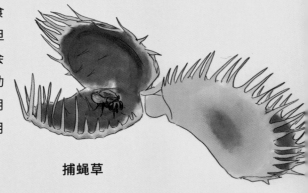

捕蝇草

嘴除了吃东西以外的功能

能用来搬运、制造的嘴

今天你们都用嘴做了些什么？吃了早饭，和家人聊天，还笑了笑，是不是这样？人类以外的动物也用嘴做各种各样的事情。

嘴除了可以吃东西之外，还有很多其他功能。人类有灵巧的手，但很多动物没有。因此，它们有时会用嘴来梳理毛发、搬运食物和筑巢的材料、把幼崽叼来叼去。你知道猫的舌头上有倒刺吗？猫不仅能用舌头把骨头上的肉舔下来，还能把舌头当梳子用。猫叼小猫时也用嘴。有些鸟类会使用鸟喙把树枝、蜘蛛丝等材料制成复杂的鸟巢。

嘴还可以用来保命

动物们有时会为了保护自己或赢得异性的欢心用嘴打斗。有些动物的嘴本身就有吸引异性的魅力。很多雄性动物会用嘴互相打斗。动物虽然吃的东西是一样的，但是雌性和雄性的口腔会有所不同。就像鹿的犄角一样，有的动物只有雄性是有犬齿的，或者犬齿更大。

从鸣叫到调节体温

嘴是重要的交流工具，不仅人类，大象和鸟类等都拥有发达的嘴。美丽的黄莺，叫声很有名。众所周知，宠物鹦鹉也会模仿人的声音。

沟通不仅仅是通过声音传递信息。人、猴子、狗都能通过表情进行交流。脸要做表情，除了眼睛、耳朵等部位，嘴也起着很大的作用。有些鸟类会向亲鸟展示嘴里的花纹，以此来索要食物。狗等不出汗的动物会伸出舌头来调节体温。这就是在炎热的天气或运动之后，狗会伸出舌头的原因。此外，嘴里分泌的唾液中含有免疫成分，舔伤口可以防止感染。这就是动物舔伤口的原因。

诸如此类，嘴除了吃东西以外，还有很多别的功能。现在，让我们看看动物各式各样的嘴巴。读了这本书之后，大家可以留心观察一下身边的动物以及动物园、水族馆里的动物，一定会有很多发现。

第 1 章

不断进化的嘴

人

学名：*Homo sapiens*

分类：脊索动物门哺乳纲
灵长目人科

对很多动物来说，嘴是用来吃东西的器官。人类不仅用嘴吃饭，还用它说话、做表情跟人交流。运动时如果呼吸急促，就会改成用嘴呼吸而不是鼻子。

与人类亲缘关系很近的黑猩猩的嘴唇不是红的，但人的嘴唇则是显眼的红色。有一种观点认为这是因为人需要通过语言以及嘴的表情来进行交流。

人长得像黑猩猩

与人类亲缘关系很近的黑猩猩，成年后嘴巴会向前突出（左侧插图左边是成年猩猩，右边是小猩猩）。

换一次牙

0 岁长乳牙，3 岁长到 20 颗。6 岁左右开始换恒牙。儿童的的颚部小，所以长出来的牙也小，随着儿童的成长，小牙换成了大牙，牙齿的数量也会增加。

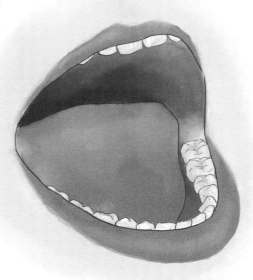

为什么只有人的嘴唇是红的？

防止掉落

嘴唇还有一个作用，就是防止嘴里咀嚼的东西掉出来。

小知识

用嘴唇交流

有了嘴唇，人才能进行发出声音的语音交流和通过嘴唇的形状来表达感情的视觉交流。正因为有了嘴唇，才有表达爱情的"吻"。

狗

学名：*Canis lupus familiaris*

分类：脊索动物门哺乳纲
　　　食肉目犬科

进化成了稚嫩的模样

宠物狗是在 1 万多年前由狼驯化而来的，据说在遗传上与狼最接近的是柴犬等日本犬。

如果把狗和狼进行比较，就会发现狗的吻突（鼻子和嘴突出的部分）比狼短，犬牙和颚部的肌肉没有狼发达，看起来就像小狼崽。有一种观点认为这是狗在和人一起生活的过程中，性情变得温顺，同时外表也变得稚嫩（幼态成熟）。

进化成杂食性

狗本来是食肉动物，但是在和人一起生活的过程中，开始吃谷物和蔬菜等，牙齿结构也发生了变化。

短

狗长得像小狼崽

成年狼（左）和小狼崽（右）。

小狼崽像不像成年的狗？

发达的消化功能

狗的消化道很长，消化大米中所含淀粉的消化酶的功能也比其他动物更活跃。这是进化为杂食性的结果。

小知识

用叫声交流

动物通过声音等信号传递信息，进行交流。人主要使用声音和语言，狗和鸟等则是通过叫声（声音交流）、姿势、眼睛和嘴等部位的动态来进行交流。

达尔文雀

学名：*Coerebini*

分类：脊索动物门鸟纲
雀形目裸鼻雀科

在南美洲厄瓜多尔海域的加拉帕戈斯群岛及北面的科科斯岛上，有 17[1] 种统称为达尔文雀的鸟类。它们的祖先是来到岛上的同一种鸟，由于食物种类不同，它们的喙进化成了不同的形状，后来分化成 17 种。

这是博物学家达尔文思考进化论时受到的启发之一，因此这种鸟被称为达尔文雀。

---

[1] 编者按：原著是 14 种，根据 *Birds of the World* 达尔文雀已经有 17 种了，故此处更正为 17 种。

喙
正在
进化中

吃坚硬的种子

吃大而坚硬的植物种子
的鸟类，长着坚固的喙。

叼虫子的喙

吃昆虫的鸟类的喙长得
细细的，适合叼虫子。

进化成吸血用的喙

吸血的鸟类有锋利的喙。
它们以前吃的是寄生在
其他动物身上的虱子等
动物，现在变成吸食动
物的血，而且还在不断
进化！

小知识

你知道适应辐射吗

同一种生物为了适应不同的环
境，改变形态和行动等，演变为
不同的系统。这就叫"适应辐
射"。除了达尔文雀，澳大利亚
的有袋类也是适应辐射的一个
例子。

美国短吻鳄

学名：*Alligator mississippiensis*

分类：脊索动物门爬行纲
鳄形目短吻鳄科

地球上最有力的颚

鳄鱼是世界上最大的爬虫类。它颚部的力气是全世界最大的。

牙齿的构造使得被抓到的猎物无法逃脱。它会将猎物拖到水中淹死，或者咬住猎物翻滚，把肉扯下来囫囵吞下。

虽然鳄鱼的嘴如此可怕，但有些种类的鳄鱼会在嘴里养育幼崽，把幼崽含在嘴里挪来挪去，嘴巴发挥了育儿的作用。

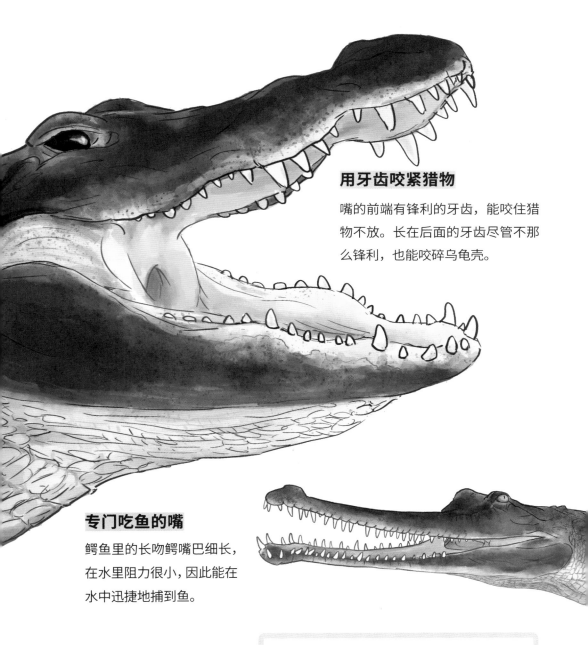

用牙齿咬紧猎物

嘴的前端有锋利的牙齿，能咬住猎物不放。长在后面的牙齿尽管不那么锋利，也能咬碎乌龟壳。

专门吃鱼的嘴

鳄鱼里的长吻鳄嘴巴细长，在水里阻力很小，因此能在水中迅捷地捕到鱼。

食草鳄鱼？！

在已经灭绝的远古时代的鳄鱼中，有些是草食性的，它们像哺乳动物一样，长着各种形状的牙齿。

小知识

神奇的换牙

鳄鱼的牙齿，上下各有 15~22 颗左右。像鳄鱼这样的爬虫类或两栖类动物，由于颚部生长、牙齿磨损，它们必须换牙。哺乳动物大多只换一次牙，鳄鱼等会换好几次牙。

牛

学名：*Bos taurus*

分类：脊索动物门哺乳纲
　　　偶蹄目（牛目）牛科

没有上门牙

牛 这类动物没有上门牙。因为不能咬合，吃东西看起来很艰难，但它们靠舌头和牙龈发挥作用。牛先用舌头把草卷起来塞进嘴里，然后用下牙和叫作"牙床板"的坚硬牙龈把草咬断。

为了嚼碎坚硬的草，牛需要大面积的臼齿，所以它的脸比食肉动物长。

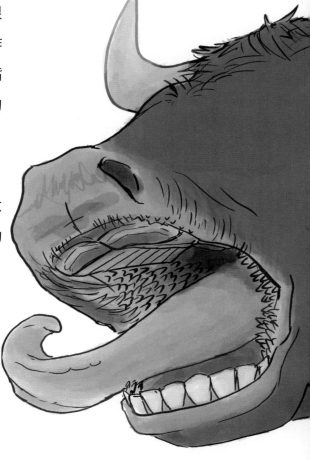

牙齿是这样的

下门牙的两旁是犬牙。食肉动物的犬牙是尖的，而牛的犬牙和其他门牙一样，是扁平的。

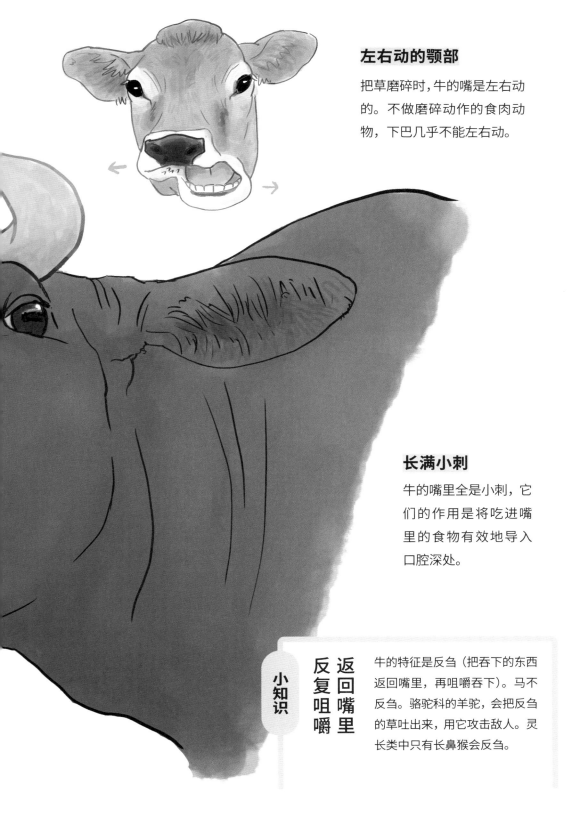

左右动的颚部

把草磨碎时，牛的嘴是左右动的。不做磨碎动作的食肉动物，下巴几乎不能左右动。

长满小刺

牛的嘴里全是小刺，它们的作用是将吃进嘴里的食物有效地导入口腔深处。

小知识

返回嘴里反复咀嚼

牛的特征是反刍（把吞下的东西返回嘴里，再咀嚼吞下）。马不反刍。骆驼科的羊驼，会把反刍的草吐出来，用它攻击敌人。灵长类中只有长鼻猴会反刍。

日本雨蛙

学名：*Dryophytes japonica*

分类：脊索动物门两栖纲
无尾目雨蛙科

用大嘴把昆虫囫囵吞下

青蛙小时候是蝌蚪，长大后变成青蛙。因为食物发生了巨大的改变，嘴巴的变化也非常大。

蝌蚪是杂食性的，因为需要啃食藻类或动物的尸体残骸，所以会长出角质牙（类似指甲的质地）。蝌蚪长成青蛙后成了食肉动物，嘴变得很大，可以把昆虫等囫囵吞下。

青蛙的牙齿

青蛙的嘴很大，上颚的骨头上有成排的小牙齿。它们的作用不是用来咀嚼，而是咬住食物。

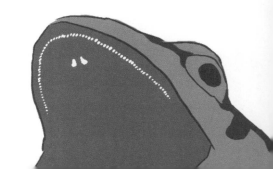

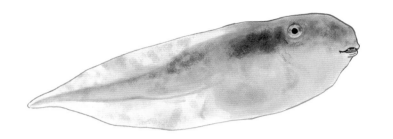

樱桃小嘴

牛蛙在蝌蚪时代长的是勺状的角质牙，上面带着刺一样的东西。

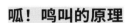

呱！鸣叫的原理

很多种青蛙，雄性的喉咙和面颊上都有发出声音的器官。它们在这个器官和肺之间交换空气，让声带振动，发出声音。

呼吸方式不一样

哺乳动物通过扩张肺来吸入空气，青蛙用嘴把空气压进肺里来呼吸。

小知识

没有牙齿的蛙

有些蛙完全没有牙齿。癞蛤蟆虽然嘴很大，但不仅没牙，还没有舌头。此外，蟾蜍科的也没有牙齿。其他种类的蛙，上颚和嘴的上方等部位有牙齿。

裂唇鱼

学名：*Labroides dimidiatus*

分类：脊索动物门辐鳍鱼纲
鲈形目隆头鱼科

裂唇鱼吃大鱼身体表面、嘴和腮中的食物残渣、老化的身体组织和寄生虫等。这样不仅可以得到食物，在大鱼的身边还有保护自己不受敌人攻击的好处。虽然它的大小可以被大鱼一口吞下，但在水族馆里，可以观察到它在大鱼面前像跳舞般游泳的情景。也许它是在表示"我是清洁工，别吃我"。虽说是食取大鱼身上的残渣，但它只是用嘴迅速触碰，清洁的动作非常轻柔。

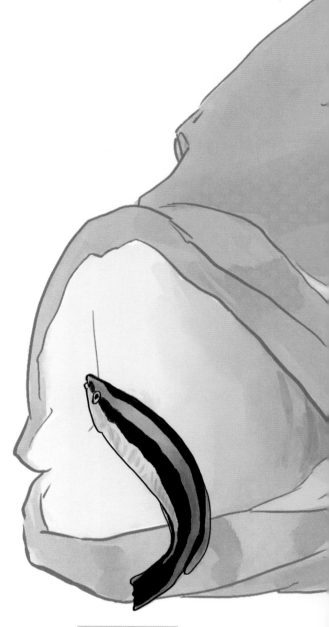

为大家做清洁

裂唇鱼为石斑类、竹荚鱼类等多类鱼清洁身体。即使是大型的食肉鱼，它也不怕。

用嘴轻柔地清扫

互惠共生

共生有只有一方得利的"单利共生"和双方都得到好处的"互惠共生"。裂唇鱼和大型鱼属于互惠共生。

就像个排长队的商店

在水族馆观察时你会发现，有时想请裂唇鱼做清洁的鱼排起了长队，就像是一家人气很旺的商店。

小知识 清洁鱼伪装成

有一种鱼叫三带盾齿鳚，它不仅长得和裂唇鱼几乎一模一样，而且也会跳舞（拟态），因此不会被其他鱼吃掉。它不仅不为其他鱼做清洁，还会啃食它们的鳞片和皮肤，很不道德。

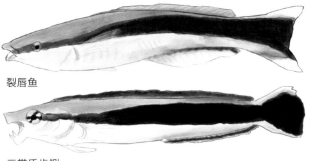

裂唇鱼

三带盾齿鳚

云斑白条天牛

学名：*Batocera lineolata*

分类：节肢动物门昆虫纲
　　　鞘翅目天牛科

嘴横着张开是包括天牛等昆虫在内的节肢动物的特征。它能用大颚咬破叶子和纸张。天牛被抓住时会发出"嘎吱嘎吱"的声音，但它不是用嘴，而是靠摩擦胸部前侧来发出声音的。

它把卵产在枯树里，孵化出来的幼虫从里往外啃食那棵树，最后爬到外面来。它从小就有很大的颚。

用强大的颚啃食树木

名称的由来

因为天牛的颚强壮有力，能把头发咬断，所以也被称为"剪发虫"。触须长得像牛角，因此也称"天牛"。

产卵方式

有些种类的天牛产卵时，会用巨大的颚在树上咬个洞，然后把卵产在洞里。产卵方式因种类不同而呈现多样化。

上唇

大颚

小颚触须

下唇触须

从哪里到
哪里算嘴巴?

在昆虫等节肢动物中,相
当于嘴的器官被称为"口
器"。大多由大颚、小颚、
下唇等部位组成。

小知识

怎么分
动物的前后

原口动物和后口动物的划分,是
以胚胎发育时,在形成嘴的过程
中,原肠胚的胚孔是形成入口
(嘴)还是出口(肛门)来分的。
前面介绍的都是后口动物,而天
牛是原口动物。

饭冢蚯蚓

学名：*Amynthas iizukai*

分类：环节动物门寡毛纲
单向蚓目巨蚓科

蚯蚓是原口动物(第11页)，身体构造很简单。身体粗的一端是头，前端有嘴，没有牙齿，嘴的上半部分有上唇（口前叶）。在蚯蚓的身体中心，有一条消化道从嘴直通到肛门。吞下的东西，通过砂囊等消化器官来消化。胚胎发育时，肠胚的胚孔形成嘴，内脏在背部，神经在腹部。

从头到尾一根"直肠子"

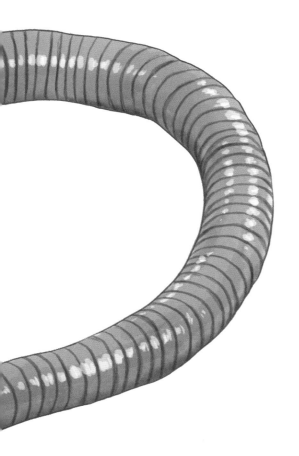

体外消化

有时它会把喉咙内侧翻到嘴的外面来，用唾液把食物消化后再咽下。

蚯蚓的围巾？

成年蚯蚓嘴的后面会有绕身体一周的带状部分,这叫"环带"。环带上有产卵的孔。有环带的是前半身。

有用的嘴唇

蚯蚓嘴的四周覆盖着厚厚的肌肉，能帮助它吞咽食物。

小知识

蚯蚓是守护神

蚯蚓能松土，吃了枯叶后排出的粪便能为植物的生长提供养分，死后也能分解，优化土壤。博物学家达尔文说蚯蚓是"地球上最有价值的动物"。

海星

学名：*Asteroidea*
分类：棘皮动物门海星纲

把胃翻出体外

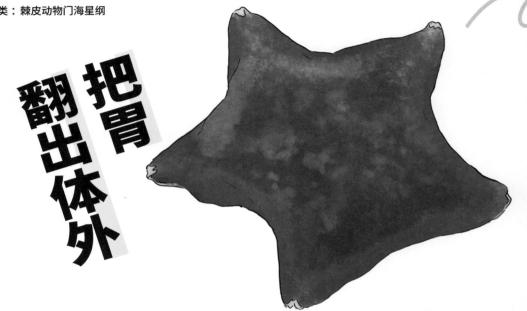

海星给人的印象是 5 条腕，像星星一样，但其实有些海星的腕是 5 条以下或将近 40 条。

它的嘴在身体内侧的正中间，从嘴到腕有一条沟，叫作步带沟。沟里排列着像小脚一样的突起，海星用它来走路。它的体内有个和嘴相连的胃，抓到大的猎物，它会把胃从嘴里吐出来，用消化酶溶解食物，消化方式十分特别。

让人意外的食肉动物

很多种海星都是肉食性的，喜欢双壳贝类，也会吃动物的尸骸等。鬼海星会啃食珊瑚。

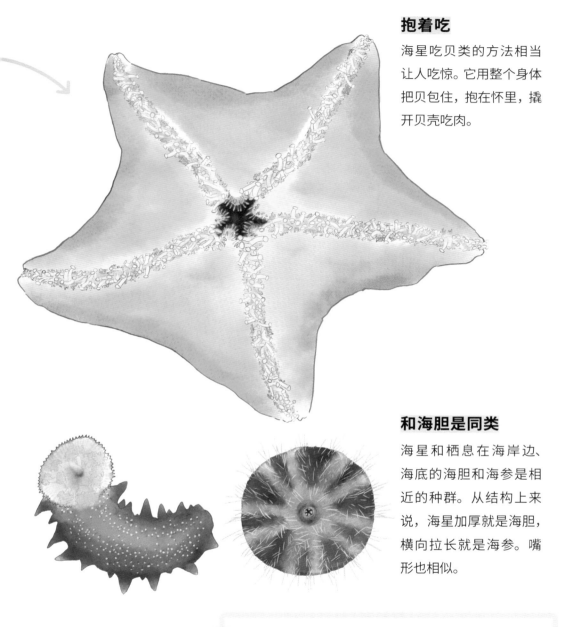

抱着吃

海星吃贝类的方法相当让人吃惊。它用整个身体把贝包住，抱在怀里，撬开贝壳吃肉。

和海胆是同类

海星和栖息在海岸边、海底的海胆和海参是相近的种群。从结构上来说，海星加厚就是海胆，横向拉长就是海参。嘴形也相似。

小知识

海星是我们的亲戚

海星和海参都是棘皮动物，和人一样是后口动物。昆虫、螃蟹、虾等节肢动物和乌贼、章鱼之类的软体动物被称为原口动物。因此，棘皮动物似乎可以算我们的远亲。

真海鞘

学名：*Halocynthia roretzi*

分类：脊索动物门海鞘纲
真海鞘目真海鞘科

-（负）

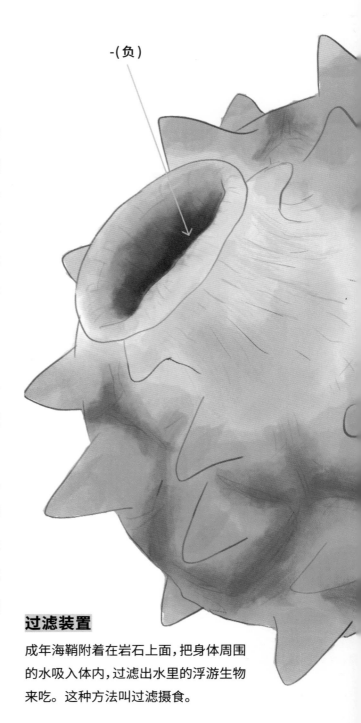

海鞘身上有两个凸起的部分，入水孔起到嘴的作用，把水和食物吸入身体，过滤后食用。水和排泄物从出水孔排出。入水孔是"+"（正）字形，出水孔则是"-"（负）字形。

海鞘小时候像蝌蚪一样，活泼地游来游去，附着在岩石上生活后才开始进食。小海鞘有一种叫作脊索的组织。脊索相当于脊椎动物的脊椎（脊骨）部分，脊椎是由脊索进化而来的。海鞘成年后附着在岩石上时，脊索就消失了。

过滤装置

成年海鞘附着在岩石上面，把身体周围的水吸入体内，过滤出水里的浮游生物来吃。这种方法叫过滤摄食。

笑海鞘?

被网民们亲切称呼为海鞘宝宝（学名 Sigillina Signifera) 也是海鞘的一种，正如它的别称"笑海鞘"一样，看起来像在哈哈大笑。

+（正）

正和负是这个吗?

吃什么?

成年海鞘用鳃和消化道，吸食浮游生物。

小知识

因变异长出嘴

随着幼体长成成体，形态等方面发生的变化称为"变异"。蜉蝣（第 74 页）变异时嘴会消失，海鞘反而会长出嘴和消化器官。从不进食的幼体变成能吃能消化的成体，海鞘的变异真是神奇。

宽结大头蚁

学名：*Pheidole noda*

分类：节肢动物门昆虫纲
膜翅目蚁科

蚂蚁是社会性动物，以蚁后为中心组成像家庭一样的集团生活，只有蚁后负责产卵。宽结大头蚁除了蚁后之外，还分成大型工蚁、小型工蚁、雄蚁这些"种姓（阶层。工作任务和形式的差别）"。

大型工蚁的大脑袋上长满肌肉，颚部发达。它们负责把大的猎物分割成小块以及抵御外敌入侵。雄蚁的作用是繁衍后代，因此颚部不发达。

同一种类长着不一样的脸

嘴的工作

工蚁负责在巢外觅食、筑巢、照顾幼虫和蚁后等，这些工作都是用嘴完成的。

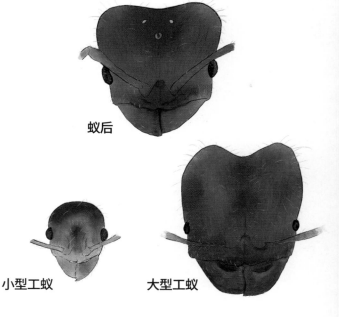

蚁后

雄蚁 小型工蚁 大型工蚁

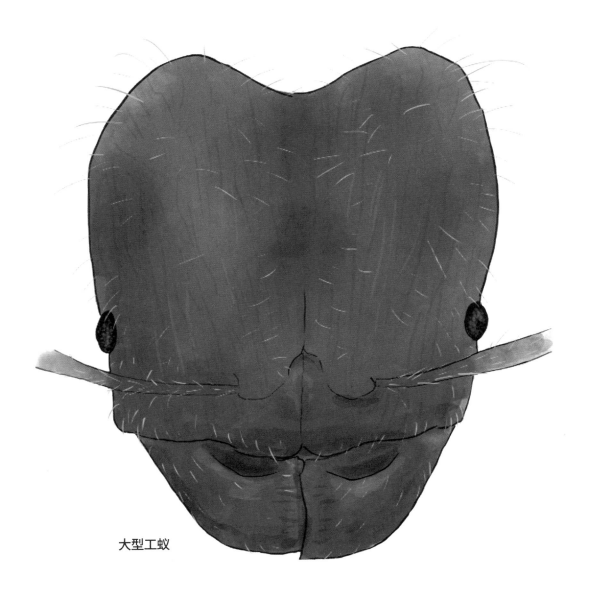

大型工蚁

看看你的脚下

宽结大头蚁可能就住在你家附近。仔细观察一下它们种姓之间的形态、分工、数量都有哪些差异吧。

小知识

费洛蒙[1]从大颚分泌

蚂蚁的全身都能分泌一种叫费洛蒙的物质。从大颚附近分泌的"警报费洛蒙"能传递召唤同伴、劝退、告知危险等信息。

[1] 费洛蒙是生物体分泌的一种微量化合物，学名叫外激素，旧称荷尔蒙。

马岛长喙天蛾

学名：*Xanthopan morgani*

分类：节肢动物门昆虫纲
鳞翅目天蛾科

马岛长喙天蛾是生活在马达加斯加等地的天蛾的一种。它的嘴向前突出的部分叫"口吻"，这吸管状的口吻很长，最长的超过30厘米。口吻平时会卷成螺旋状收起来，只有在采蜜时才会伸直。

在马岛长喙天蛾的栖息地，有一种叫大彗星兰的兰花，它的花蜜沉积在花里30厘米深的地方，能吸食到这种兰花花蜜的只有马岛长喙天蛾，它与这种兰花形成了一对一的密切关系。

嘴有30厘米长

30 厘米的嘴

马岛长喙天蛾的嘴有30 厘米长。兰花也有非常长的下垂的花距（花瓣向后延长的管状结构）。

善于收纳

平时把嘴一圈圈卷成螺旋状收起来，只有在采蜜时才会伸直。

就像直升机

马岛长喙天蛾等天蛾的口吻很长，有的种类并不停在花上，而是像直升飞机一样悬停（停在空中的飞行状态）着吸取花蜜。

小知识 进化的 理由

蛾和蝴蝶采蜜时，能传播粘在它们身上的花粉，给花授粉。这种两者都能获益的关系叫作共生。

单细胞生物
有嘴吗？

只有一个细胞的生物称为单细胞生物。到这里为止，我们介绍的都是多细胞动物，据说人是由 37 万亿个细胞组成的。多细胞动物都有嘴，那么单细胞生物如何摄取营养呢？

给大家举个例子。

单细胞生物的细胞结构，就像被细胞膜包住的肥皂泡一样。进食的时候，细胞外的食物和细胞膜的一部分会凹进细胞里，然后被吸收。就像小肥皂泡融入大肥皂泡里一样。

细胞的这种作用，在动植物的体内都能看到。比如动植物中的线粒体和叶绿体。它们原本是"被吃掉的"的生物（细胞），但后来在吃掉它们的生物的细胞中继续生存（也有可能是寄生）。

第 2 章

舌头和牙齿真有趣

宽吻海豚

学名：*Tursiops truncatus*

分类：脊索动物门哺乳纲鲸目
海豚科

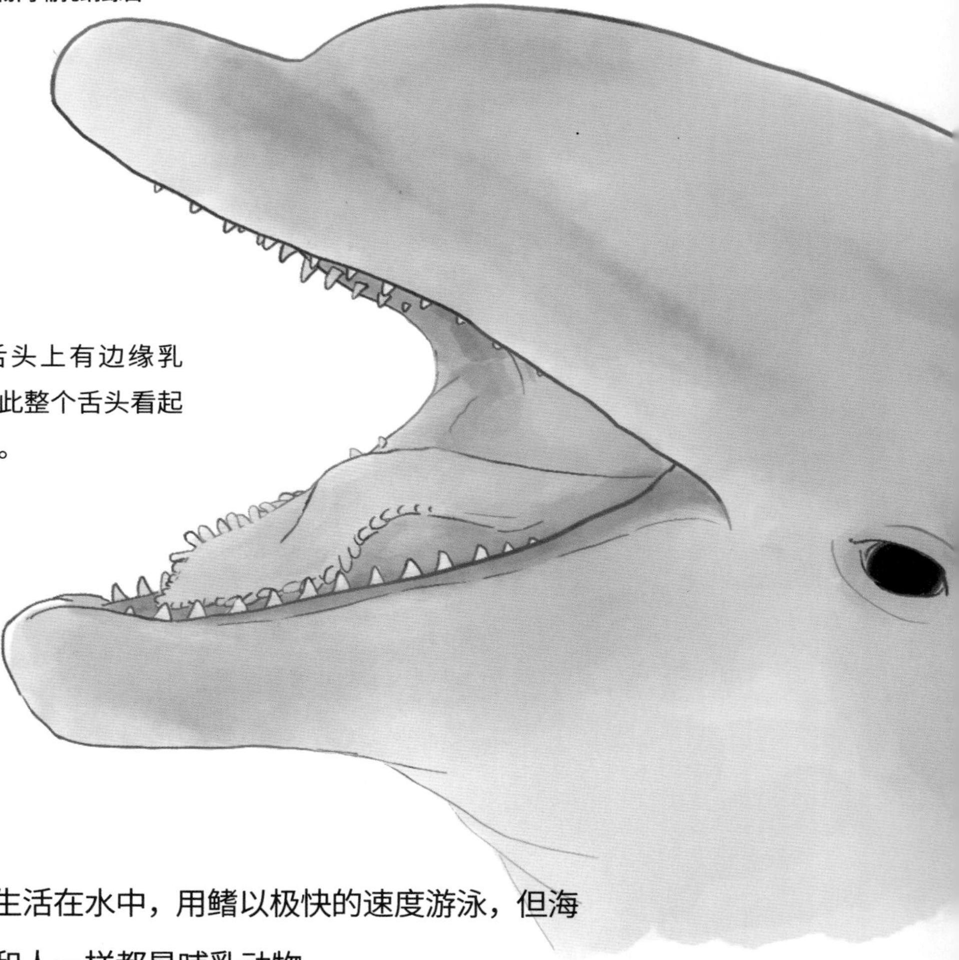

刷子状

小海豚的舌头上有边缘乳头突起，因此整个舌头看起来像把刷子。

海豚生活在水中，用鳍以极快的速度游泳，但海豚和人一样都是哺乳动物。

哺乳动物是由母亲用乳汁喂养大的。因此，小海豚的舌头上有一个叫边缘乳头的细长器官，把它缠在妈妈的乳头上，这样即使在水中也能喝到母乳，不会漏出来。其长大后边缘乳头就消失了。

不会漏 在水中喝母乳

感知味道

它的舌头上有一个类似味蕾（感知味道的器官）的部位，能感知食物的味道。下图是成年海豚。

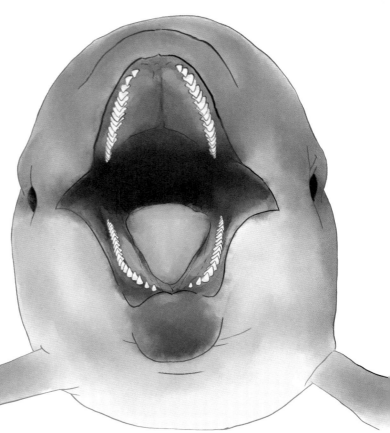

海豚的喙叫作吻

很多海豚的嘴向前突起的部分长得像喙。这个部分叫作吻。

小知识 发出声音是从嘴里发出吗

海豚会发出各种各样的声音来进行交流。而且，它会根据声波碰到物体反射的信号，判断物体的形状和大小。到目前为止，还不知道它的声音是从嘴里（声带），还是从别的器官发出来的。

日本绿啄木鸟

学名：*Picus awokera*

分类：脊索动物门鸟纲䴕形目
啄木鸟科

日本绿啄木鸟是啄木鸟的一种。啄木鸟类的喙尖锋利笔直，用来凿开树木打洞，目的是觅食或筑巢等。它的舌头很长，是喙的 2~3 倍。舌根在鼻子里面，如中间那张图所画的那样绕在头盖骨上。舌头中有称为舌骨的软骨。通过肌肉的运动，舌头和舌骨可以一起伸缩。

舌尖呈刷子状，这种形状适合钩出洞里的虫子。

用敲击来确认

它并不是胡乱敲击，而是一边敲击一边观察，通过反应来发现虫子。

卷尺一样超长的舌头

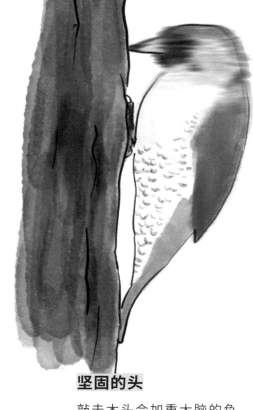

坚固的头

敲击木头会加重大脑的负担，因此它的大脑很小，头盖骨很坚固。头部结构很好地缓冲了冲击力。

脑损伤

有研究报告表明："敲击行为损伤大脑。"虽说啄木鸟的头有坚固的骨头保护，但也许会有点头晕。

小知识 敲击声是信息

鸟类用鸣叫声来交流，而啄木鸟科成员大多叫声单调，无法发出复杂的鸣叫。但它们能用敲击树木的声音来求爱或表示这是它们的地盘。如果森林中传来"笃笃笃"的声音，那就是啄木鸟。

高冠变色龙

学名：*Chamaeleo calyptoratus*

分类：脊索动物门爬行纲

有鳞目避役科

变色龙会根据背景改变身体的颜色，埋伏狩猎。一旦发现要捕食的昆虫，它就会通过左右眼对焦瞄准猎物，然后迅速弹出舌头。最新研究表明它舌头"弹出的速度是重力加速度的 264 倍"。捕捉猎物时，如右上图所示，舌头的弹射分成这两个步骤：①伸出收在舌头里的舌骨，对准猎物；②先将肌肉绷紧，然后突然放松弹射出去。可以和第 48 页的日本绿啄木鸟对比一下。

飞速弹射的舌头

吃各种食物

变色龙主要吃蝗虫和蚂蚱等昆虫，体形大的种类也吃蜥蜴和老鼠等。

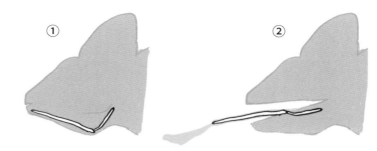

① ②

舌头里的骨头

它的舌头是肉质的，里面带有骨头。它能
充分利用骨头和肌肉，瞄准猎物弹出舌头。

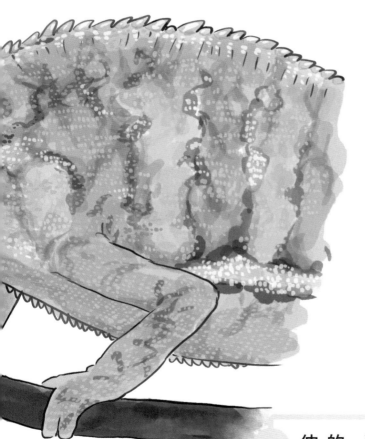

叫声

变色龙虽然不叫，但有时
为了威吓敌人会发出嘶
嘶声。

小知识

伸缩自如的长舌

变色龙的舌头很长，前端有黏糊
糊的黏液，便于捕获猎物。舌头
平时收在头骨的周围。

一角鲸

学名：*Monodon monoceros*

分类：脊索动物门哺乳纲
鲸偶蹄目一角鲸科

——角鲸是小型齿鲸，只生活在北冰洋。传说中的动物独角兽，就是以独角鲸为原型的。雄性一角鲸上颚左侧的第一颗牙（门牙）可以长到2~3米长，而且非常坚硬。这个角十分引人注目，因此被称为一角鲸，但准确地说，它不是角而是牙齿。

不是角
不是武器
是牙齿

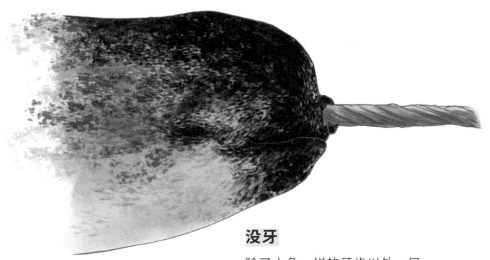

没牙

除了大角一样的牙齿以外，只有上颚长着小小的门牙，因此等于没有牙齿。

囫囵吞下

它没有咀嚼食物的牙齿，只能把鱼等猎物囫囵吞下。它不像虎鲸那样抓捕大型猎物。

牙齿是药？

以前中医认为一角鲸的牙（角）有退烧作用，因此曾经把它磨成粉作中药材用。

小知识

不发达雌性的牙

只有雄性才有很长的牙，雌性没有。雌性上颚的两颗牙齿，成年后也不发达。虽然有人认为雄性超长的牙齿是用来争夺雌性和地盘的，但目前还没有发现彼此伤害的情况，详情还不清楚。

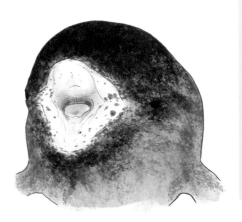

亚洲象

学名：*Elephas maximus*

分类：脊索动物门哺乳纲
　　　长鼻目象科

象 分为非洲象和亚洲象（也有把圆耳象算作第三种的分类方法）。非洲象中雄性和雌性都有獠牙；亚洲象只有雄性有，雌性的獠牙比较小或没有。不过，动物园里的象个体差异较大，也有例外。

又长又大的象牙不是肉食动物那样发达的犬牙，而是门牙（前牙）。

叫声

除了发出像喇叭一样的声音以外，象还会发出表示警告的咆哮声。此外，还会发出超低频音（非常低的音），即使相隔很远也能交流。

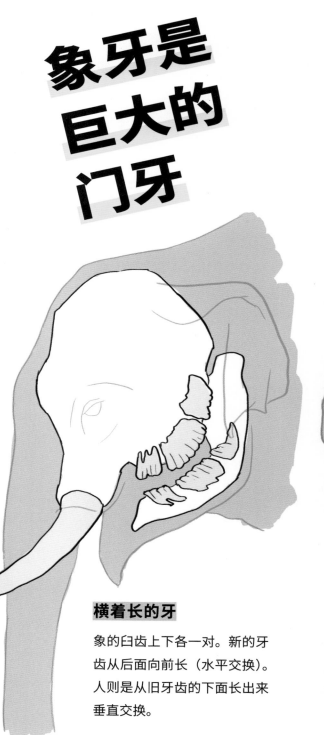

象牙是巨大的门牙

横着长的牙

象的臼齿上下各一对。新的牙齿从后面向前长（水平交换）。人则是从旧牙齿的下面长出来垂直交换。

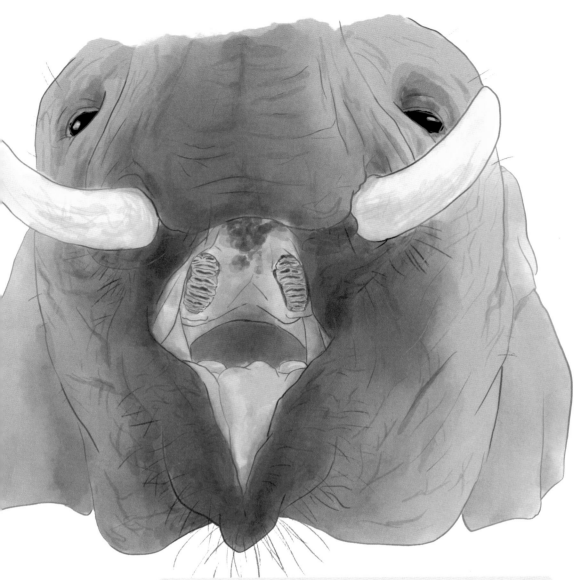

小知识

上嘴唇在哪儿

如果观察一下大象的嘴，就会发现它有下嘴唇，上嘴唇却找不到。是的，大象的上嘴唇和鼻子一起进化了很长时间，已经连成一体。因此，它的嘴闭不紧。

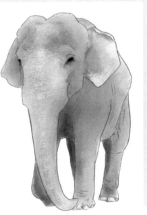

红鳍东方鲀

学名：*Takifugu rubripes*

分类：脊索动物门硬骨鱼纲
　　　鲀形目鲀科

养河鲀的水箱
受损的原因

红鳍东方鲀是河鲀之王。味道最鲜美，价格也最昂贵，但肝脏等部位有剧毒。

　　河鲀的牙齿很独特，红鳍东方鲀的几颗牙齿紧贴在一起变成了喙状的牙床板。牙齿的尖端像剃刀一样锋利，水族馆里饲养河鲀的水族箱总是伤痕累累，据说就是被它的牙啃的。钓河鲀时，鱼线和鱼竿有时都会被它咬断。

喝水变成两倍大

有些种类的河鲀为了让自己看起来更大，会喝大量的水。据说红鳍东方鲀能喝下相当于自身体重两倍的水。

把牙剪断？！

当宠物养的河鲀和养殖的河鲀，有时需要用钳子把它长得太长的牙剪断。

翻车鱼

给人感觉很呆萌的翻车鱼也是河鲀的同类。它的牙齿锋利发达。

小知识

磨牙河鲀也

鲀科的鱼被钓上来时，会发出唧唧声。这是它吸入空气和水，咬紧牙关时发出的声音，被称为"河鲀磨牙"。

独角仙

学名：*Trypoxylus dichotomus*

分类：节肢动物门昆虫纲
　　　鞘翅目金龟子科

独角仙和云斑白条天牛（第32页）都是昆虫，但嘴的结构完全不同。独角仙为了吸吮树液，它的嘴长成了刷子状。颜色是鲜艳的黄色或橙色。刷子旁边有小颚胡须，能感知味道。雄性长着大大的角，用来争夺树液和雌性。

幼虫的嘴

独角仙幼虫的嘴形和成虫完全不同。因为它吃的不是树液而是腐叶土，所以下颚很大。

嘴像刷子是橙色的

锹形虫

锹形虫把大颚作为武器，打架时用来夹住对手。

角是嘴？

独角仙的角不是嘴也不是牙齿，而是头和胸部附近的皮肤发育成了角的形状。

小知识

颚比较和锹形虫的

锹形虫和独角仙一样受欢迎。它的颚部很大，能当武器。而独角仙的颚部是由小颚进化而成的刷状嘴，专门用来进食。

能用公式来表示牙齿吗

　　人的牙齿生长的地方不同，形状也就不同。上下 4 颗前牙是铲形的门牙，旁边是尖尖的犬牙，再往里是小臼齿和大臼齿。大部分鱼类、两栖类、爬行类动物的牙齿形状都差不多。哺乳动物的牙则进化成了门牙、犬牙、小臼齿、大臼齿等不同形状。牙式就是用拉丁字母表示牙齿的类型，I= 门牙、C= 犬牙、P= 小臼齿、M= 大臼齿，用数字表示牙齿的数量。

　　哺乳动物基本的齿式可以用 $I\frac{3}{3}C\frac{1}{1}P\frac{4}{4}M\frac{3}{3}$（上面的数字表示上牙，下面的数字表示下牙）来表示。根据这个牙式，可以知道上面有 3 颗门牙、1 颗犬牙、4 颗小臼齿和 3 颗大臼齿，下面的牙齿也一样。牛吃坚硬的草，它的牙式为 $I\frac{0}{3}C\frac{0}{1}P\frac{3}{3}M\frac{3}{3}$，犬牙的形状和门牙一样并不尖锐，臼齿发达，长着一张长脸。猫的牙式是 $I\frac{3}{3}C\frac{1}{1}P\frac{3}{2}M\frac{1}{1}$，朝着适应吃肉的方向进化了。它长着长长的犬牙，但臼齿很少，脸是圆而短的形状。

　　有了齿式，再观察一下动物牙齿的大小和形状，就可以推测出这种动物吃什么样的东西，生活习惯怎么样，是怎么进化来的。

第 3 章

可怕的嘴 奇怪的嘴

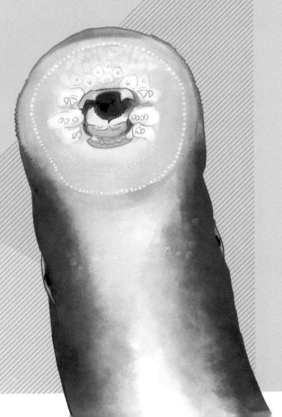

夜鹰

学名：*Caprimulgus jotaka*

分类：脊索动物门鸟纲
　　　夜鹰目夜鹰科

嘴就像捕鱼网

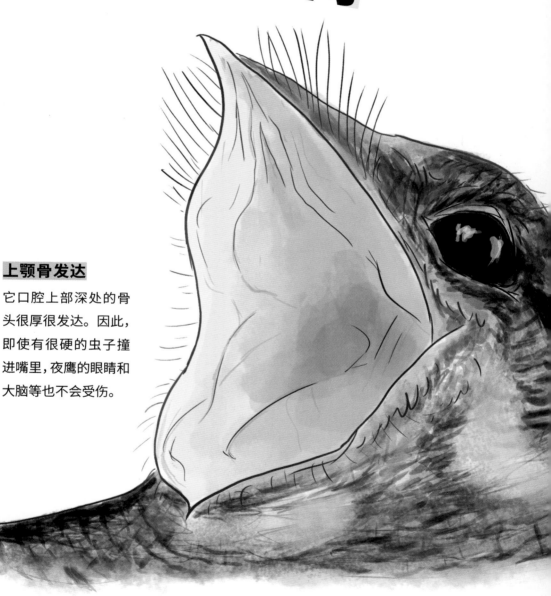

上颌骨发达

它口腔上部深处的骨头很厚很发达。因此，即使有很硬的虫子撞进嘴里，夜鹰的眼睛和大脑等也不会受伤。

假装成树木

它的喙和羽毛呈现低调的黑褐色，停在树枝上时就形成了保护色。

夜鹰是夏季来到日本的候鸟。身体黑褐色，有细小的花纹。它的头很大，又宽又长，喙很小但口腔很大，嘴裂延伸到眼睛后面。它像癞蛤蟆一样张着大嘴飞翔，所以能有效地捕猎。嘴的四周有胡子一样的硬毛，起着捕虫网的作用。

奇怪的叫声

夜鹰的叫声是短促的"啾啾"声。有的种类叫声独特，有时声音比形态更容易分辨。

小知识

你知道

蛙嘴夜鹰吗

蛙嘴夜鹰是夜鹰的亲戚，但它不像夜鹰那样一边飞一边捕食。它从靠近地面的树枝上扑向地面，捕捉昆虫和青蛙等。

日本七鳃鳗

学名：*Lethenteron japonicum*

分类：脊索动物门圆口纲
　　　七鳃鳗目七鳃鳗科

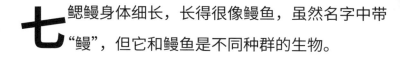

用黏糊糊的液体把猎物溶化

七鳃鳗身体细长，长得很像鳗鱼，虽然名字中带"鳗"，但它和鳗鱼是不同种群的生物。

七鳃鳗分为寄生在其他鱼身上的种类和不寄生的种类，寄生的种类长大后嘴巴变得像吸盘一样，附着在其他鱼身上吮吸它们的血液和身体组织等。不寄生的种类长不大。幼体（七鳃鳗仔鱼）没有吸盘，吃浮游生物等。

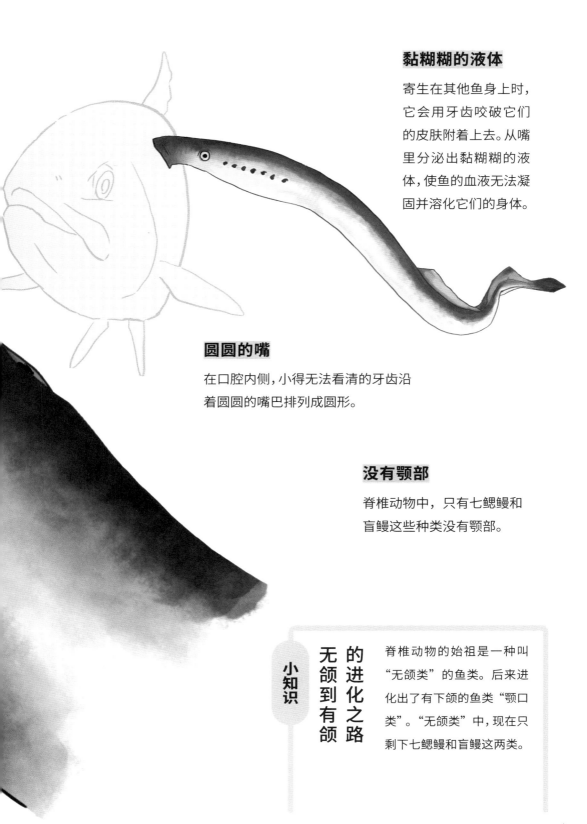

黏糊糊的液体

寄生在其他鱼身上时，它会用牙齿咬破它们的皮肤附着上去。从嘴里分泌出黏糊糊的液体，使鱼的血液无法凝固并溶化它们的身体。

圆圆的嘴

在口腔内侧，小得无法看清的牙齿沿着圆圆的嘴巴排列成圆形。

没有颚部

脊椎动物中，只有七鳃鳗和盲鳗这些种类没有颚部。

小知识

无颌到有颌的进化之路

脊椎动物的始祖是一种叫"无颌类"的鱼类。后来进化出了有下颌的鱼类"颚口类"。"无颌类"中，现在只剩下七鳃鳗和盲鳗这两类。

尖嘴后鳍颌针鱼

学名：*Strongylura anastomella (Valenciennes)*

分类：脊索动物门硬骨鱼纲
颌针鱼目鄂针鱼科

它的嘴像飞镖

尖嘴后鳍颌针鱼是海鱼，全长可达1米。长相特征是有着尖利的喙状吻和锋利的牙齿。它会从下面瞄准小鱼，朝着水面猛冲上来，用颚咬住猎物。

秋刀鱼是大家熟悉的秋天的美味，它和尖嘴后鳍颌针鱼种类相近。但它既没有坚硬的吻也没有锋利的牙齿，吃的是浮游生物。此外，针鱼也有着和尖嘴后鳍颌针鱼相似的长吻，但没有锋利的牙齿，它吃海面上的浮游生物。

锋利的牙

牙尖像针一样，锋利到不小心碰一下就会受伤的程度。

颚部变长

幼鱼时，先是下颚变长，长大后，上颚也会长得跟下颚一样长。

针鱼和秋刀鱼

针鱼（上图）和秋刀鱼（下图）是尖嘴后鳍颌针鱼的亲戚。它们的区别是尖嘴后鳍颌针鱼上下颚都很长，针鱼只有下颚长，而秋刀鱼上下颚都不长。

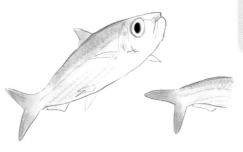

小知识

鱼能感知味道吗

尖嘴后鳍颌针鱼的亲戚针鱼，吃水面的浮游生物和海藻。以浮游生物为食的鱼都有发达的鳃耙（腮的内侧刷子状的部分），能过滤出食物。人们认为它的鳃耙中有感知味道的器官，能通过味道来挑选食物。

纳氏臀点脂鲤

学名：*Pygocentrus nattereri*

分类：脊索动物门辐鳍鱼纲
　　　脂鲤目脂鲤科

被 称为"食人鱼"的锯刺鲑种类大约有 20 种，但其实"食人"的只有纳氏臀点脂鲤等三四种。"食人鱼"给人的印象很可怕，其实相反，它非常胆小，只是生性凶猛，会因为血腥味兴奋起来，一旦一群鱼中的一条捕获到猎物，其他的鱼也会因血腥味兴奋起来，一起攻击猎物，直到把猎物吃光。

咬合紧密

它的上下牙齿在嘴闭上时会互相紧密咬合，因此能有效地将猎物的肉咬下来。

不要碰，危险

有的"食人鱼"可作观赏鱼，但安全起见，不要跟它们有身体接触，容易受伤。

集体狩猎

它们会成群结队地攻击大型猎物。生活在亚马孙河流域的这一品种的鱼能把渔民的渔网扯碎。

三角形的牙齿上带着剃刀

被称为"食人鱼"的锯刺鲑是鲤形目的鱼。鲤形目里有一种霓虹灯鱼。霓虹灯鱼腹部的红色和蓝色的线条很美。虽然是温顺的小型鱼，但它是"食人鱼"的亲戚，因此有小而锐利的牙齿。

噬人鲨

学名：*Carcharodon carcharias*

分类：脊索动物门软骨鱼纲
　　　鼠鲨目鲭鲨科

人们觉得噬人鲨可怕是因为它会袭击人。它上颚的牙齿呈锐利的三角形。剃刀般的牙齿呈锯齿状排列，非常锋利。

鲨鱼中既有噬人鲨这样凶残的种类，也有鲸鲨这种杂食性的。鲸鲨用大嘴吸入海水，然后用鳃里像海绵一样的部分过滤出里面的浮游生物来吃。它的牙很小，退化得很厉害。

一口咬住

海洋哺乳动物

采用埋伏狩猎方式，主要捕食大型鱼类和海狗等，有时也会袭击载人的船！

锐利的牙齿甚至能袭击船只

也有不吃肉的鲨鱼

鲸鲨是杂食性的。与噬人鲨不同，它鼻子不尖，嘴巴在身体的前端。

嘴巴为什么要一张一合

鲸鲨在水面游动时，嘴会一张一合，但是人们还不清楚这是为什么。

小知识

捕捉猎物伸出双颚

生活在深海中的加布林鲨与噬人鲨、鲸鲨的捕猎方式又有不同，一旦发现猎物，会把双颚向前伸出，一下子咬住猎物。蠕纹裸胸鳝是一种鱼，但不是鲨鱼，不过它的捕猎方式与加布林鲨有相似之处，会从口腔深处弹出被称为"咽骨"的咽颌。

等指海葵

学名：*Actinia equina*

分类：刺胞动物门珊瑚纲
　　　海葵目海葵科

等指海葵的形状看起来像荷包。它们附着在岩石等物体上。嘴在身体上方的中间，四周长满可以自由活动、伸缩的触手。

把海葵倒过来就像水母。这两个种群是近亲。它们用嘴摄取食物，消化后的残渣也从嘴里排出。

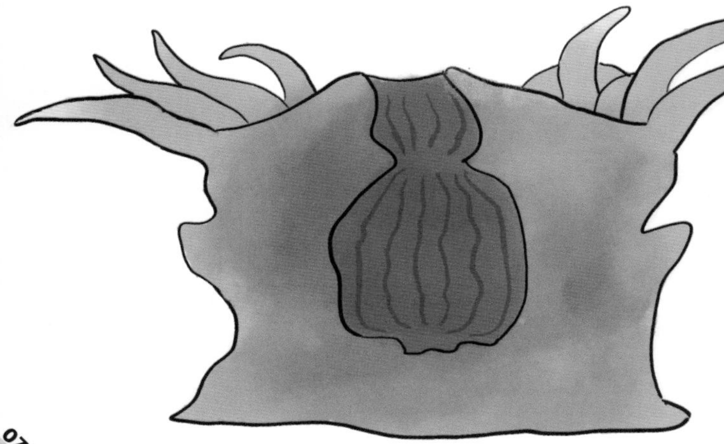

吃饭 排便 生子 都用嘴

什么都用嘴

除了吃饭和排泄之外，它生孩子也用嘴。有些种类的海葵产卵，有些种类则是分裂繁殖。

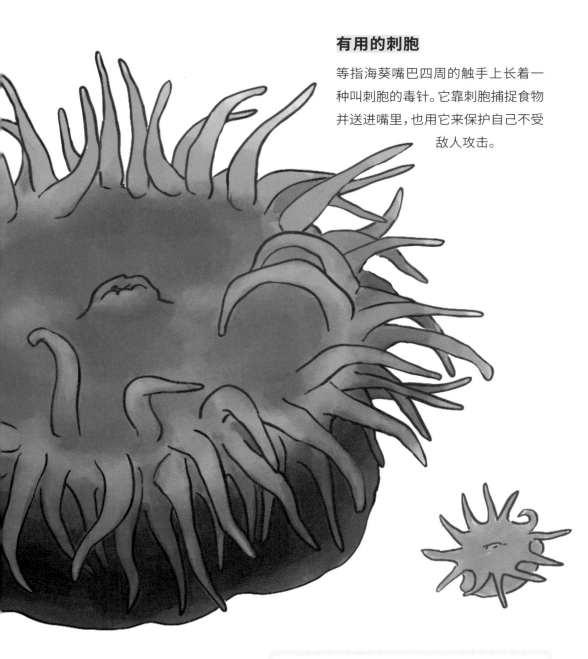

有用的刺胞

等指海葵嘴巴四周的触手上长着一种叫刺胞的毒针。它靠刺胞捕捉食物并送进嘴里，也用它来保护自己不受敌人攻击。

在水中完成受精

等指海葵是雌雄同体，个体既有雄性功能又有雌性功能，卵子和精子从嘴里排放到海水中并完成受精。

小知识

怎么用的触手是

海葵长着无数细长的触手。触手长在嘴的四周，这个器官的作用是捕捉猎物并送进嘴里。

高翔蜉

学名：*Epeorus sp.*

分类：节肢动物门昆虫纲
　　　蜉蝣目扁蜉科

蜉蝣中，很多种类的成虫寿命都很短，大部分寿命只有几小时到几天。成虫只繁殖，不进食。它们只在幼虫的时候进食，为繁殖做好准备。

　　成虫不进食，嘴高度退化。高翔蜉的嘴只剩下喝水的功能。

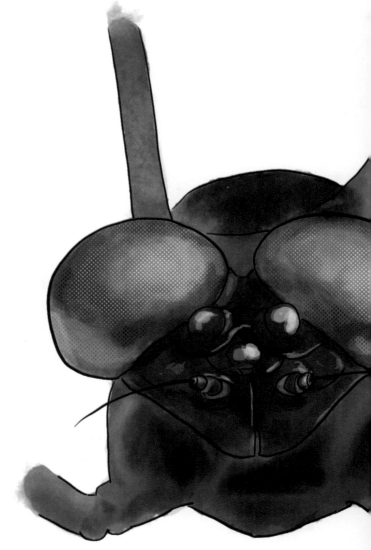

幼虫的颚

高翔蜉幼虫的小颚上有颚须，它们像镰刀一样，可以把石头上的藻类割下来，送进嘴里。

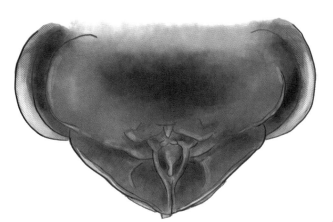

退化的嘴

左图是从背面看的成虫的嘴。无论从正面还是侧面，都只看得到凹陷，看不到明显的颚。可以和其他昆虫比较一下。

绝食繁殖

雄性和雌性都在变为成虫的那一刻做好了繁殖的准备。虽然不能进食，但它们储备了充足的能量来交配和产卵。

什么都不吃
只负责繁殖
然后死去

小知识

蚕的嘴也是退化的

在昆虫界，像蜉蝣这样变成成虫后不进食，只靠幼虫时积攒的能量生活的，还有蚕。蚕在羽化成蛾后，本来嘴应该像吸管一样，但已经完全退化了，一点用处都没有。

花蛤

学名：*Ruditapes philippinarum*

分类：软体动物门双壳纲
　　　帘蛤目帘蛤科

身体左右各有一个贝壳的双壳类也叫斧足纲，因为它们脚的形状像斧头。嘴长在脚边。

它们通过复杂的步骤摄取食物：①从进水管（腹侧）吸入水；②在用鳃呼吸的同时滤出浮游生物作为食物；③用位于嘴巴两侧被称为唇瓣的器官挑出食物并送进嘴里；④将过滤掉食物后的水从出水管排出。

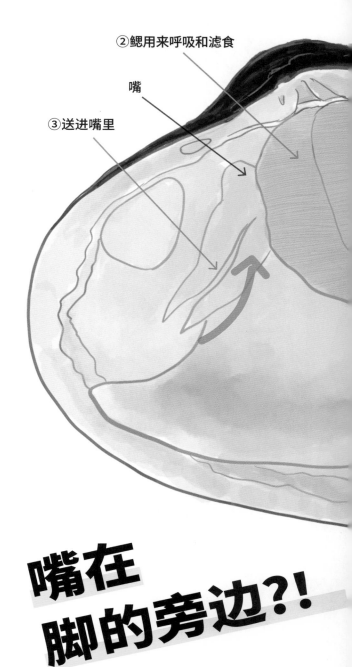

②鳃用来呼吸和滤食

嘴

③送进嘴里

嘴在
脚的旁边?!

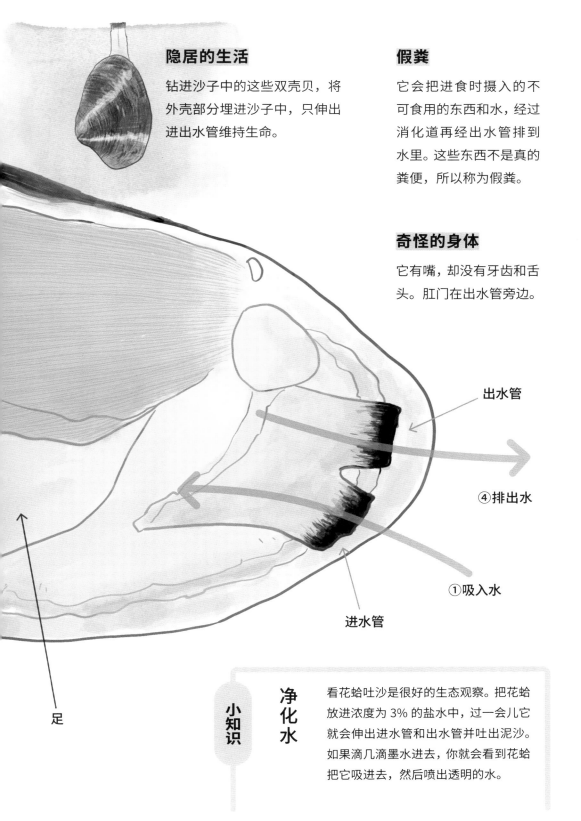

隐居的生活

钻进沙子中的这些双壳贝，将外壳部分埋进沙子中，只伸出进出水管维持生命。

假粪

它会把进食时摄入的不可食用的东西和水，经过消化道再经出水管排到水里。这些东西不是真的粪便，所以称为假粪。

奇怪的身体

它有嘴，却没有牙齿和舌头。肛门在出水管旁边。

出水管

④排出水

①吸入水

进水管

足

小知识

净化水

看花蛤吐沙是很好的生态观察。把花蛤放进浓度为 3% 的盐水中，过一会儿它就会伸出进水管和出水管并吐出泥沙。如果滴几滴墨水进去，你就会看到花蛤把它吸进去，然后喷出透明的水。

蝾螺

学名：*Turbo sazae*

分类：软体动物门腹足纲
　　　原始腹足目蝾螺科

有些贝类有用来抓取食物的器官，叫齿舌。除了贝类，乌贼、章鱼等软体动物也有齿舌。齿舌的形状，就像带状的薄板上排列着几十排牙齿。

这些排列在薄板上的牙齿，通过后面的牙往前移的方式来进行更换。食物不同，齿舌的形状和大小也就不同。

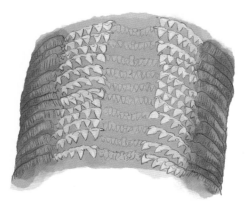

擦菜板？！

吃蝾螺的时候，如果有像咬到沙子一样"咔嚓咔嚓"的声音，一定是吃到蝾螺嘴里的齿舌了。它的牙就像擦菜板。

食物是海藻等

海螺以裙带菜等海藻为主食，吃的东西不同，颜色也就不同。

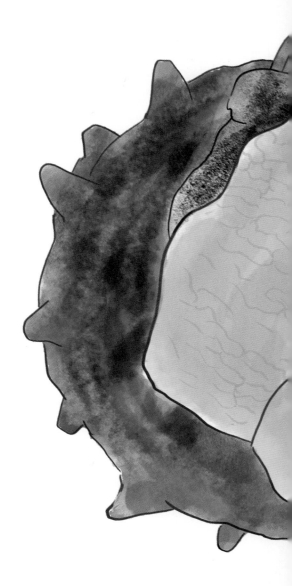

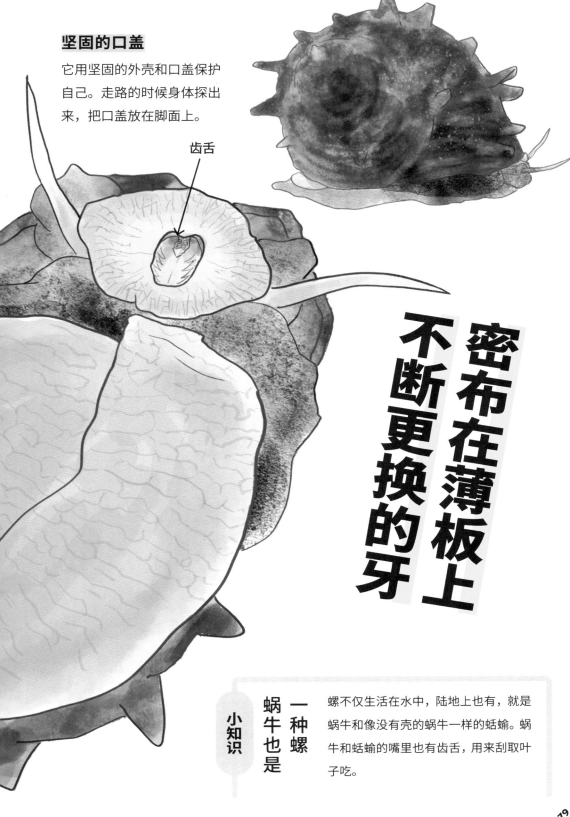

坚固的口盖

它用坚固的外壳和口盖保护自己。走路的时候身体探出来，把口盖放在脚面上。

齿舌

密布在薄板上
不断更换的牙

小知识
一种螺
蜗牛也是

螺不仅生活在水中，陆地上也有，就是蜗牛和像没有壳的蜗牛一样的蛞蝓。蜗牛和蛞蝓的嘴里也有齿舌，用来刮取叶子吃。

鸭嘴兽

学名：*Ornithorhynchus anatinus*

分类：脊索动物门哺乳纲
单孔目鸭嘴兽科

虽然鸭嘴兽像鸟一样有喙，卵生，蛋、粪、尿都从同一个排泄孔出来，但它其实是哺乳动物。身体表面有兽类的体毛，幼崽靠吃母乳长大。

喙的形状像野鸭和家鸭，它用这个喙来吃河底的水生动物。喙上长有类似传感器的器官，可以感应生物的电流，即使在浑浊的水中也能找到食物。

不是鸟却有喙

柔软的喙

喙的质感和鸟类不同，像橡胶一样有弹性。

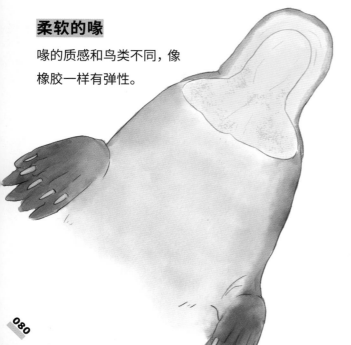

和针鼹是亲戚

针鼹和鸭嘴兽一样，是产卵的哺乳类。在发育的早期有像鸭嘴兽一样发达的喙。

叫声

鸭嘴兽会发出"咕噜噜……"低沉的叫声。有点像猫的呼噜声或鸟的叫声，但又不太一样，很奇怪。

小知识

有牙吗

鸭嘴兽没有牙齿，上下颚只有坚硬的牙状角质板。如果有牙，牙根会妨碍神经通过，而角质板不会干扰神经，因此捕猎时喙上类似传感器的器官就能充分发挥作用。

尖角水虱

学名：*Ceratothoa oxyrrhynchaena*

分类：节肢动物门软甲纲

等足目缩头水虱科

在鱼的嘴里，有时能看到一种叫水虱的寄生虫。水虱吃鱼的舌头，所以长在鱼的舌头上。虽然从外观看起来是一只，但往往是雌雄搭配。不妨仔细观察一下买来的或钓来的鱼嘴内部。除了水虱，还有生活在鲷鱼嘴里的鲷鱼虱和刺鲀嘴里的鲀鱼虱等种类。

到处都是

水虱类生物生活在海水、淡水以及处于两者之间的半咸水中，只要有水的地方就有它。

定居生活

水虱的幼体（幼水虱）漂浮在水中生活，变成成虫后会寄生在鱼等动物身上获取营养。

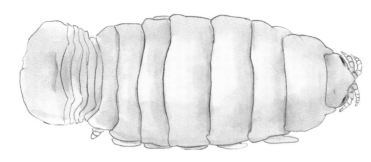

雌雄的大小

住在鱼的嘴里，过着恩爱生活的水虱夫妇，雌性比雄性大很多。

最喜欢吃鱼的舌头

小知识

也是寄生的大王具足虫

水虱是虾、蟹的亲戚，大王具足虫也是它的同类。水族馆里的大王具足虫因绝食数年而成为热门话题，但关于它饮食生活的详情人们并不清楚。在钓上来的鲷鱼等鱼类身上还发现过寄生的比大王具足虫小的道氏深水虱。

白纹伊蚊

学名：*Aedes albopictus*
分类：节肢动物门昆虫纲
　　　双翅目蚊科

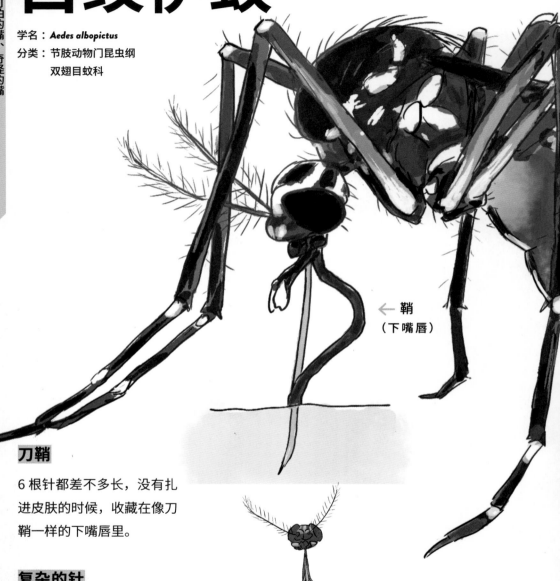

→ 鞘
（下嘴唇）

刀鞘

6根针都差不多长，没有扎进皮肤的时候，收藏在像刀鞘一样的下嘴唇里。

复杂的针

6根针的作用如下。上嘴唇：吸血的管子；大颚：盖住上嘴唇；小颚：刺破皮肤；下咽头：注入唾液，让血不会凝固。

⑤

① ② ③ ② ①
④

①小颚
②大颚
③下嘴唇
④下咽头
⑤上嘴唇

其实
扎了
6根

让人讨厌的蚊子。只有雌性才会叮人吗?

雌蚊子嘴上像针一样的部分,其结构是成束的多个针状器官。上嘴唇、大颚(2根)、小颚(2根)、下咽头,总共6个针状器官,平时下嘴唇包住它们。当6根针扎进皮肤里时,下嘴唇弯成"く"形,这样不会扎进皮肤里。

颚部是锯子

小颚和上嘴唇呈锯齿状。通过左右小颚和上嘴唇的运动扎进皮肤里。

小知识 雄蚊子在干嘛 雄蚊子以花蜜为营养。它们的小颚和大颚都很短,没有雌性那样的功能。

瑞氏大生熊虫

学名：*Paramacrobiotus richtersi*

分类：缓步动物门真缓步纲
　　　并爪目大生熊虫科

用针牙吸汁液

针牙

它用像针一样的牙齿插进植物和小动物身上，吸吮细胞质（汁液等）作为营养。

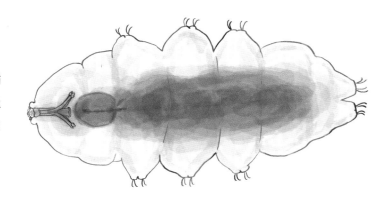

水熊虫是缓步动物门这个种群的总称。因其外形像熊、动作缓慢而得名。多数种类身体长度在 0.2~0.5 毫米，肉眼几乎看不到，但却是生活在我们身边，森林、大海、河流中到处都有。这张图里的瑞氏大生熊虫生活在落叶、树枝和树上的苔藓上。它嘴形如陶管，有针状牙。

什么都吃

瑞氏大生熊虫是肉食性的，吃轮虫等微小的动物，但有的熊虫种类以苔藓、动物碎屑（浮游生物的尸体等）为食。

粪便好大

水熊虫极小，但从哈佛大学的学生发布的视频中可以看到，和水熊虫的体形相比，它拉出的粪便大得不可思议。

小知识

不是最强的生物

在干燥的环境里，水熊虫会生长出一层保护膜，停止代谢功能，长期不进食也能存活，这叫"干眠"。一旦有了水又恢复原状。虽然被称为"不死的最强生物"，但那只是在干眠状态下，正常情况下还是会被吃掉或死亡。

萨摩管虫

学名：*Lamellibrachia satsuma*

分类：环节动物门多毛纲
　　　管触须目西伯加虫科

萨摩管虫是在鹿儿岛的锦江湾被发现的，它们是沙蚕的亲戚，是在调查海底火山时偶然发现的。

管虫把身体藏在自己制造的管子里，只从顶端露出鳃。因为这样的形态，这类动物被称为"管虫"。尽管没有嘴也没有眼睛，但它们也算动物，是不是很奇妙？

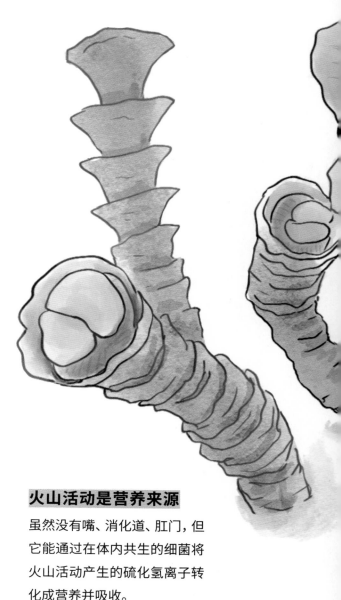

没有嘴？

同样是环节动物，沙蚕等都有可以进食的嘴，管虫却没有。

火山活动是营养来源

虽然没有嘴、消化道、肛门，但它能通过在体内共生的细菌将火山活动产生的硫化氢离子转化成营养并吸收。

没有嘴也能获得营养

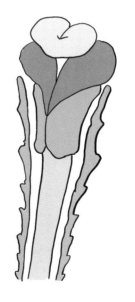

只露出鳃

它的鳃是红色的，与管虫共生的硫细菌所需的硫化氢、氧气和二氧化碳都靠鳃吸收。

小知识

神秘与浪漫的管虫

它生活在管子里，因此被称为管虫。管长5~10厘米左右，像珊瑚一样簇生着。通过研究这种生态特异的管虫，也许可以解开生命起源之谜。

专栏 03

从未见过的生物的嘴

虽然我们在这里介绍了许多生物，但世界上已知的生物就有 150 多万种。也许还有很多生物没有被发现。

大家听说过线虫、苔虫、钩虫、纽虫、轮虫吗？虽然学校里可能没有教过，但其实这个种群的动物就生活在我们身边。

这些虫子，与颚部上下开合的脊椎动物、颚部横向开合的昆虫，属于完全不同的体系，嘴的形状也不一样。它们有的生活在土里，有的附着在超市买来的鱼身上，有的我们连名字都没听说过。

它们大多非常小，只有通过显微镜才能看到。它们虽然生活在我们身边，但有些并没有得到充分的研究。如果你自己调查研究某种虫子，说不定就会成为世界上最了解它的人。即便如此也搞不清楚，那也许世界上还没有人比较了解它吧。

嘴

可爱的

第4章

海獭

学名：*Enhydra lutris*

分类：脊索动物门哺乳纲
食肉目鼬科

　　海獭黑色的大鼻子下面有一道沟，这条沟一直延伸到海獭小小的嘴巴上，左右胖鼓鼓的脸颊上长着毛茸茸的胡须。如此可爱的嘴里面竟然藏着强有力的牙和颚。

　　海獭是黄鼠狼的亲戚，属于食肉动物。它的头盖骨和牙齿发育良好，可以咬破海胆和贝类坚硬的壳，或者靠颚部的力量把壳撬开，吃里面的肉。颚部力气很大，很容易就能把猎物咬碎。

提防
可爱的嘴

使用工具

它用前脚使用石头等工具，敲碎扇贝等贝类的壳。

紧密连接的上下颚

海獭的上下颚紧密地连接在一起，即使制作成骨骼标本也很难将它们分开。

豪华大餐

海獭吃贝类、海胆等棘皮动物和虾、蟹等节肢动物，食物多种多样。除了强壮的颚部，它还会使用石头等工具，所以海胆的刺它也不怕。

小知识

真有趣 上下颚动起来

食草动物上下颚能左右动，但海獭等食肉动物的上下颚很难左右动。到动物园去实地观察一下吧。只有象是例外，它虽然是食草动物，但上下颚不能左右动。

印太江豚

学名：*Neophocaena phocaenoides*

分类：脊索动物门哺乳纲
鲸目鼠海豚科

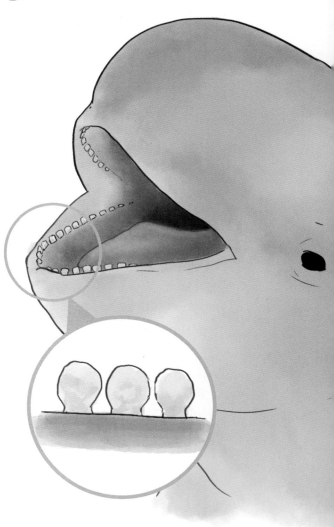

印太江豚是生活在浅海中的小型鲸类。在日本也能观察到野生个体，包含观赏印太江豚项目的旅行团很受欢迎。

它的嘴没有海豚那样的喙。从正面看它的脸，嘴角上扬，看起来像是在笑，因此有"印太江豚的微笑"这样的说法。野生的印太江豚用嘴喷出水，把沙底的动物赶出来进行捕食。印太江豚进食的时候像在舔沙子，因此日语里把印太江豚叫作"砂滑"。

印太江豚
舔沙子？

饭勺形的牙

它的牙齿前端不尖，呈饭勺形。前面和后面的牙齿形状几乎一样。

不像海豚？

印太江豚是海豚的亲戚，但没有像宽吻海豚那样的喙（吻）。对比一下是不是很有趣？

小知识

印太江豚的拿手好戏

在水族馆里，能看到印太江豚从嘴里吹出环状气泡环的表演。这是印太江豚运用了觅食时往沙子上喷水的技巧。

吸入食物

印太江豚通过压低舌头来降低口中的压力，吸入食物，这叫"吸引摄饵"。这种吸食方式在没有喙的鲸类中很常见。

反嘴鹬

学名：*Recurvirostra avosetta*

分类：脊索动物门鸟纲

　　　鸻形目反嘴鹬科

喙的角度正合适

大多数鸟的喙都是笔直或向下弯曲的，但反嘴鹬的喙，像它的名字一样是向上翘的。

在滩涂或浅水的地方，它会把喙左右摇晃，吃水面上的大型浮游生物和鱼类等小动物。头低下时，翘起的喙尖正好和水面平行。

名字相似的鸟

有一种鸟叫翘嘴鹬（上图），名字和反嘴鹬很像。这也是在滩涂上生活的鸟，但翘嘴鹬的喙不太翘，它们会把喙插进泥里觅食。

观察的时候

这种鸟在日本很少见。如果能在野外看到它，那真是太幸运了。不过，不能因为难得一见而凑得太近把它吓着。最好还是从远处，用双筒望远镜悄悄观察吧。

小知识

**喙也多种多样
食物不同**

鸟的喙因食物的种类和摄取方式而异，形状和大小多种多样。我们可以比较一下把肉撕开的雕的嘴和啄木捉虫的啄木鸟的喙有什么不一样。

短尾矮袋鼠

学名：*Setonix brachyurus*

分类：脊索动物门哺乳纲
有袋目袋鼠科

在澳大利亚西南部的罗特尼斯岛、秃头岛上，有一种叫短尾矮袋鼠的小型有袋类动物。

真的是在笑吗？

短尾矮袋鼠被称为"世界上最幸福的动物"。这是因为它们嘴角上扬，看起来像是一直在笑。其实短尾矮袋鼠并不是真的在笑，只是人类从自己的认知系统看，它好像长着一张笑脸。

会咬人

它是食草动物，所以没有锋利的牙齿，小臼齿发达。虽然性格温和，但据说在它栖息的罗特尼斯岛上偶尔也会发生有人被它咬伤的事件。

看上去和另一种动物有点像

左图是它的全身。是不是有点像和它完全不同种群的兔子？那是因为它们的食物和环境相同。

强有力的颚部

它的嘴很可爱，但为了能
吃坚硬的草和植物的茎，
颚部的肌肉很发达。

小知识

出生
从乳头上

有袋类的幼崽是在极不成熟的状态
下出生的。雌性有育儿袋，生下的
幼崽自己爬进袋子，紧紧吸在袋里
的乳头上。由于幼崽和乳头看上去
连成一体，因此曾经有一个时期，
人们认为"袋鼠等有袋类动物是从
乳头上诞生的"。

日本大鲵

学名：*Andrias japonicus*

分类：脊索动物门两生纲
有尾目隐鳃鲵科

锐利的牙齿

它的嘴里排列着又细又尖的
牙齿。繁殖期的雄性把牙齿
用作打斗的武器。

大嘴
其实
很敏感

吃各种食物

除了水里的昆虫、虾、蟹、青蛙、鱼类等水生动物外，也吃爬到水边的蛇等。

快速捕食

它捕食猎物非常迅捷。有猎物从面前穿过时，能一瞬间把猎物和水一起吸入大嘴里。

日本大鲵是日本独有的蝾螈，被列为特别天然纪念物。它是世界上最大的两栖动物。

它的身上有独特的黏液，身长可以长到 135 厘米，体重可达 19.5 千克。虽然整体看起来很怪诞，但它的脸从正面看很可爱，以它为原型的毛绒玩具等商品很受欢迎。的确，扁平硕大的头上长着宽大的嘴，小眼睛，真是太萌了。

小知识

是什么半截

日本大鲵的别名叫"半截"。理由有各种说法，有人认为它的嘴像裂开一样，因此生命力强得裂成两半也不会死。总之，瞬间能将猎物一口吞下的大嘴确实让人震撼。

太平洋褶柔鱼

学名：*Todarodes pacificus*

分类：软体动物门头足纲
　　　枪形目柔鱼科

乌贼被脚包围着的嘴叫"乌鸢"，呈喙状。上颚是"乌"，下颚是"鸢"。因为它们很像乌鸦和老鹰的喙。太平洋褶柔鱼的嘴也是这样的。

　　乌贼等软体动物和虾等节肢动物的种群，因为消化道在神经之间穿过，所以无法把食物囫囵吞下。因此，为了咬碎食物，它们进化出了各种各样的嘴。

乌鸦

老鹰

喙长成这样

这是喙部的特写。上喙像乌鸦，下喙像老鹰。

明明是乌贼和乌鸦、老鹰有什么关系?

细小的牙齿

乌贼和贝类都是软体动物，嘴巴深处有和螺一样的齿舌（第78页）。

可怕的吃法

障泥乌贼和枪乌贼在吃鱼的时候，会把鱼的要害部位即脖子附近用乌鸢咬断，把头扯下来，然后用齿舌把肉从鱼身上刮下来，一点一点吞下。

小知识 买来观察吧

太平洋褶柔鱼是很普通的乌贼，在鱼摊上就可以见到。吃之前不妨好好观察一下它的身体结构。

普通卷甲虫

学名：*Armadillidium vulgare*

分类：节肢动物门软甲纲
　　　等足目卷甲虫科

卷甲虫有一个像雌性锹形虫那样小小的颚。它用这个颚咬碎落叶、动物尸体等再吃进体内。

卷甲虫不仅能用嘴喝水，用肛门也能喝水。卷甲虫类的祖先，是像船蛆一样生活在水边的动物，后来进化了，在水少的地方也能生活。因为离开了水，所以它们进化得能高效摄取水分。

屁股也能喝水

防御姿势

一旦意识到自身有危险，就会卷起来。这样一来，坚硬的外壳就能保护身体，不容易被其他动物吃掉。

颚部左右开合

它们晚上比白天活跃，吃落叶、草、昆虫的尸体等。

咬合力很大

虽然看上去慢吞吞的，但颚很有力气，偶尔会听到有人说"蔬菜被卷甲虫吃了""手指被卷甲虫咬了"等等。

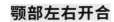

小知识	触觉是传感器	卷甲虫在爬行时，一旦碰到障碍就会向右走，再碰到障碍时就会向左走，路线呈"之"字形。日本高中生对此做了研究并在报告中说：这种习性可能与它头部的触觉有关。

专栏 04

换牙是
为了什么

你们都换牙了吗？人的牙一生只换一次。小时候长的牙齿叫乳牙，换好的牙齿叫恒牙。

牙齿的更换因动物而异。几乎所有的鱼类、两栖类、爬虫类，在一生中牙齿都会更换数次至数百次。哺乳动物要么换一次，要么完全不换牙。

老鼠、松鼠、大象和一角鲸的门牙不会更换，一直生长。鲨鱼换牙非常频繁，正在使用的牙齿后面排列着很多用来替换的牙齿。

牙齿是从皮肤进化而来的，原则上是会更换的。但哺乳动物进化成只换一次。在哺乳动物中，随着颚部的成长，有的会换成更大的牙，有的是牙齿数量增加了。更换磨损或受伤的牙齿也是换牙的原因。老鼠和松鼠用牙齿不断生长的方式代替换牙。

第 **5** 章

雄性用嘴一决胜负！

家猫

学名：*Felis catus*

分类：脊索动物门哺乳纲
食肉目猫科

猫只吃肉，所以有捕捉猎物的犬牙和把肉咬下来的臼齿。

半张着嘴
闻味道

闻到强烈或陌生的气味时，猫有时会半张着嘴露出呆呆的表情。这种现象被称为费洛蒙反应，在公猫中很常见。为了诱惑异性，猫会散发出一种激素，而接收这种激素的器官叫锄鼻器，人们认为费洛蒙反应是猫将锄鼻器暴露在空气中的行为。

胡须垫

猫的胡须是敏感的传感器，能感觉到湿气。它长胡须的这块可爱的鼓起来的部位称为"触须垫""胡须垫"等。

锉刀状的舌头

猫的舌头表面粗糙，可以把骨头上的肉刮下来。用来梳理毛发时会发出沙沙声。

"咕噜咕噜"声的秘密

猫心情好的时候会发出"咕噜咕噜"声，但是人们还不清楚这种声音是怎么发出来的。

小知识

人有费洛蒙反应吗

和费洛蒙反应相关的锄鼻器，对蛇、蜥蜴类动物来说非常重要。人在胎儿期也有类似的反应，但后来随着成长会逐渐退化。

深海鮟鱇

学名：*Himantolophus groenlandicus*
分类：脊索动物门硬骨鱼纲
鮟鱇目鮟鱇科

有些种类的鮟鱇，背鳍的一部分长得像钓饵，伪装成食物吸引猎物进行捕食。深海鮟鱇这个突出的部位会发光，引诱猎物。

深海鮟鱇雄鱼和雌鱼的嘴完全不同。因为在深海中很难碰到猎物，所以雌鱼的嘴和牙为了捕捉猎物变得非常发达。雄鱼会咬在雌鱼身上寄生，于是进化出了专门用来咬住雌鱼的嘴。

独特的繁殖方法

雄鱼咬住雌鱼，和雌鱼成为一体（寄生）。有时一条雌鱼会被多条雄鱼寄生。

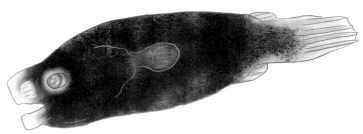

隐雌咬雄
身鱼住鱼

小小的雄鱼

鮟鱇的特征是雌鱼嘴大，牙齿锐利。如果吞下了大鱼，它的食道和胃会扩张。雄鱼的体重是雌鱼的 1% 左右。它的消化道本来就没发育完全，寄生在雌鱼身上后会进一步退化。

寄生后的雄鱼

雄鱼一旦寄生在雌鱼身上，就不再进食，它们通过血管从雌鱼那里摄取营养。

还没有名字

动物的种类有数万种，有些日本之外才有的动物，目前还没有日语名字（和名）。这种深海鮟鱇就是其中之一。

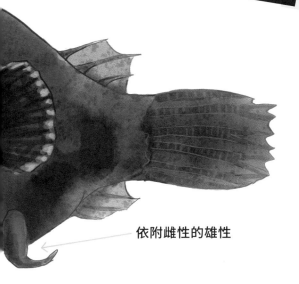

依附雌性的雄性

小知识

极端的深海求偶行为

光线照射不到深海，与异性接触的机会很少，因此除了深海鮟鱇以外，还有一些深海动物繁殖方式也很独特。例如，有些种类的深海螃蟹，雄蟹遇到雌蟹后，就会抱住雌蟹，不再进食。

虎皮鹦鹉

学名：*Melopsittacus undulatus*

分类：脊索动物门鸟纲

　　　鹦形目鹦鹉科

灵巧的舌头

虎皮鹦鹉是大家都很熟悉的宠物。它的喙呈钩形，这是虎皮鹦鹉的特征。

　　虎皮鹦鹉的喙有很多功能。母鸟会吐出食物嘴对嘴喂给雏鸟吃，而雄鸟向雌鸟求爱时也会嘴对嘴喂食。此外，嘴还用来鸣叫和整理羽毛。

声音从哪里发出

它的肺上有一个叫"鸣管"的发声器官，声音就是从这里发出来的。

嘴巧的秘密

虎皮鹦鹉的舌头很厚，呈棒状，十分发达，因此擅长模仿人的声音。

用蜡膜区分

喙根部的蜡膜部分，雄鸟是蓝色，雌鸟则是粉色的。

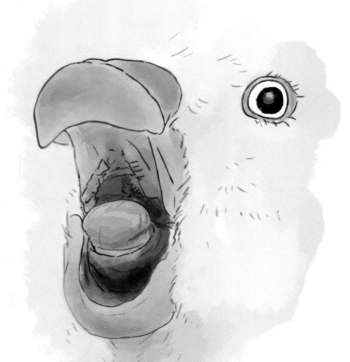

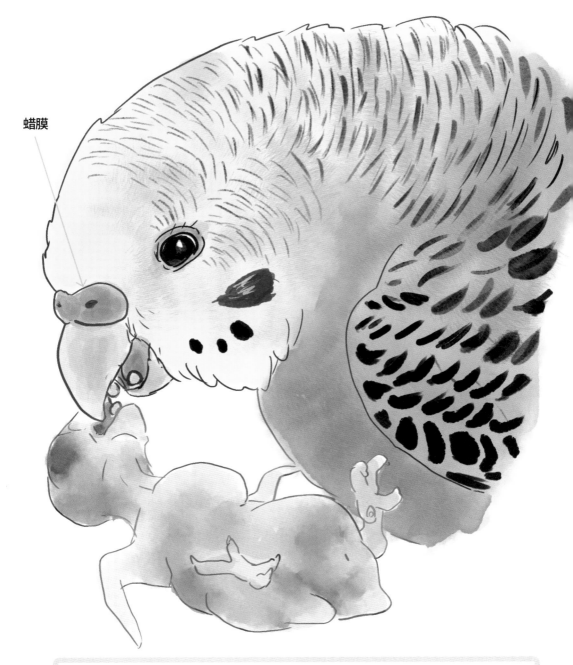

蜡膜

小知识

人的声音为什么模仿

雄鸟在追求雌鸟时，会发出求爱的鸣叫。还会模仿雌鸟的声音进行和鸣，表示它们是一对。如果和鸣的对象变成饲养它的主人，它就能很好地模仿人的声音。

黄鳝（田鳗）

学名：*Monopterus albus*

分类：脊索动物门硬骨鱼纲
　　　合鳃鱼目合鳃鱼科

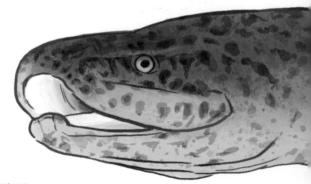

黄鳝（田鳗）虽然叫鳗，但不是鳗，而是一种合鳃鱼目淡水鱼。雄鱼会吐出表面覆盖着黏膜的气泡来筑巢，并在雌鱼产卵后负责给气泡输送空气，照顾它们。幼鱼孵化后，雄鱼会把它们含在嘴里养育（也有不这样做的个体）。这种在嘴里养育的鱼叫口育鱼。

爸爸的嘴是舒适的摇篮

虽然是鱼但呼吸空气

鱼类用鳃呼吸，而黄鳝主要依靠表皮和辅助呼吸器官直接从空气中呼吸氧气。它的习性是在喉咙里储存空气，所以能适应缺水的环境。

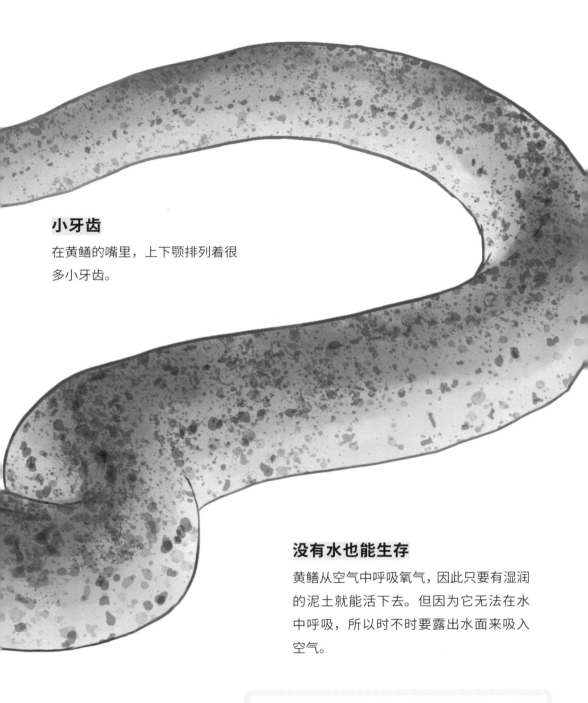

小牙齿

在黄鳝的嘴里，上下颚排列着很多小牙齿。

没有水也能生存

黄鳝从空气中呼吸氧气，因此只要有湿润的泥土就能活下去。但因为它无法在水中呼吸，所以时不时要露出水面来吸入空气。

小知识 研究者 你来当 黄鳝生活在浑浊的水或泥土中，具体的生活和养育孩子的情况还不清楚。你愿意研究一下吗？

鲑鱼

学名：*Oncorhynchus keta*

分类：脊索动物门硬骨鱼纲
鲑形目鲑科

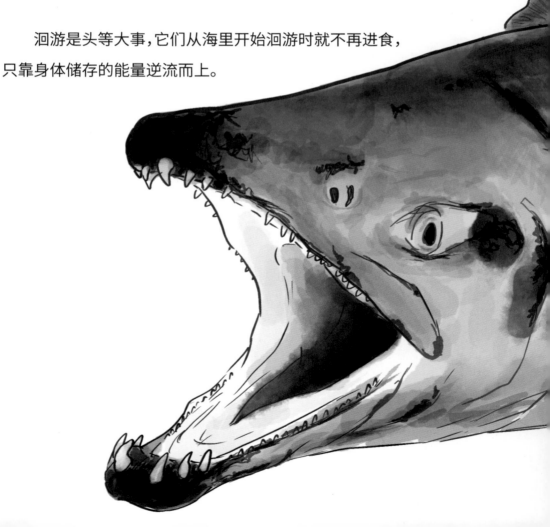

雄性的嘴像怪兽

鲑鱼生在河里，长在海里，最后洄游到河里。在海里的时候，无法分辨雄鱼和雌鱼。一直要到洄游到河里之前（聚集到河口的时候），雄鱼的嘴才变长，牙齿也发育起来。体色也从银色变成了看起来很成熟的榉木色。

洄游是头等大事，它们从海里开始洄游时就不再进食，只靠身体储存的能量逆流而上。

变化超大

在海里的时候，雄鱼和雌鱼颜色和形状相同（右上图）。洄游到河里后，雄鱼的颜色和嘴型变得如左图所示。雌鱼的颜色会变化，但体形变化不大（右下图）。

小知识

什么是婚姻色

迎来繁殖期的淡水鱼出现的体色被称为"婚姻色"。除了鱼类，两栖类和爬行类等也有这种现象。

雄性、雌性和嘴的故事

　　嘴可以用来战斗、鸣叫或吸引异性。雄性和雌性身体的颜色、形状、大小等方面的差异叫性二型。如果雄性和雌性繁殖期间使用的能量分配有差异的话，就会产生性二型。

　　雌性产的卵比雄性产的精子大，因此需要消耗大量的能量。而且，雌性在怀孕、哺乳这些育儿阶段也要消耗能量，因此雌性为了育儿就需要更多的能量。而雄性可以用很少的能量制造很多精子。而且，如果不负责育儿，对于雄性来说，获得雌性的交配权才是最重要的，于是雄性之间就会产生竞争，能量都消耗在这方面了。

　　这样一来，雄性就会长出有利于争斗的犬牙等。另外，颜色和体形也会朝容易被雌性看中的方向发展，性二型进一步扩大。

　　相反，雄性和雌性一起育儿，或者雄性单独育儿的种类，性二型就会缩小。

　　雄性和雌性嘴的形状和作用，因繁殖方式而异。

危险的嘴

第 6 章

滞育小鲵

学名：*Hynobius retardatus Dunn*

分类：脊索动物门两栖纲
有尾目蝾螈科

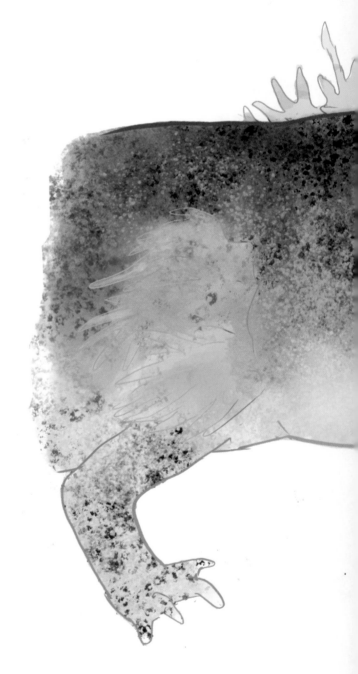

滞育小鲵是北海道的特有物种。幼体的形状会因环境有所不同。滞育小鲵吃浮游生物、北海道赤蛙，甚至同类的幼体。如右上图（p121）所示，如果食物中北海道赤蛙和同类的幼体较多，颚部就会变大。因为被捕食的幼体挣扎振动，有的滞育小鲵头部会变大，因此能捕捉较大的猎物。滞育小鲵成年后上岸，吃昆虫等食物。

猎物的反抗

为了不被滞育小鲵的幼体捕食，北海道赤蛙的蝌蚪采取的御敌方式是在背部长出高高的鳍，头部长满胶状物质，使体形变大，不容易被吃掉。

长成对自己有利的形态

①：没有天敌时的北海道赤蛙幼体。

②：有天敌时的北海道赤蛙幼体。

③：没有食物时的滞育小鲵幼体。

④：有食物时的滞育小鲵幼体。

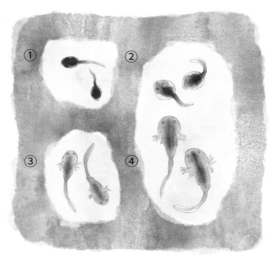

表型可塑性

像滞育小鲵一样，根据所处的环境，生物形态发生变化的现象称为表型可塑性。

因环境有异
嘴型发生变化

小知识

各种各样的

形态变化

和滞育小鲵、北海道赤蛙的幼体相似，水蚤和轮虫也会因是否有捕食者而改变形态。这是因为捕食者释放的化学物质使它们感知到天敌的存在。

鲤鱼

学名：*Cyprinus carpio*

分类：脊索动物门硬骨鱼纲
鲤形目鲤科

鲤鱼的上下颚没有牙齿，但喉咙深处有"咽头齿"。这是由喉骨进化而来的，形状像臼齿，能咬碎坚硬的贝壳。咽头齿位于下咽骨（下颚侧面），与上下颚侧面牙状的角质板咬合（下图）。

它把食物和水底的泥土一起吸进嘴里，只留下河蟹、豆螺、水草等，然后吐出泥土。

牙齿长在哪里？

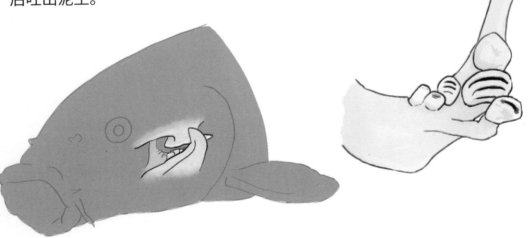

会破坏环境

从水草到贝类，鲤鱼什么都吃，会破坏水底生态。因此，如果把它放养到本来没有鲤鱼的地方，会破坏当地的环境。

吸食猎物

鲤鱼采用吸引摄饵的方式吸食河底的生物，因此嘴朝下。但是，观赏用的鲤鱼如果有人靠近，也会把嘴露出水面等人喂食。

喉咙深处的骨头

咽头齿（左图）的作用是咬开田螺等食物坚硬的壳，吃里面的肉。

小知识

胡须是传感器

鲤鱼的嘴巴旁边，有两对（四根）胡须。它的胡须不仅能发挥良好的传感器和在泥土中觅食的作用，还有感知味道和嗅闻的作用。

香鱼

学名：*Plecoglossus altivelis*

分类：脊索动物门硬骨鱼纲
　　　胡瓜鱼目香鱼科

幼鱼（幼香鱼）时吃浮游生物，长大一点后就能吃水生昆虫和落入水中的陆生昆虫了。再大一点，就会吃附着藻类（硅藻和蓝藻等），就是附着在石头和岩石上的苔藓。

　　成鱼有适合吃藻类的梳状齿。嘴唇呈银白色，很厚。

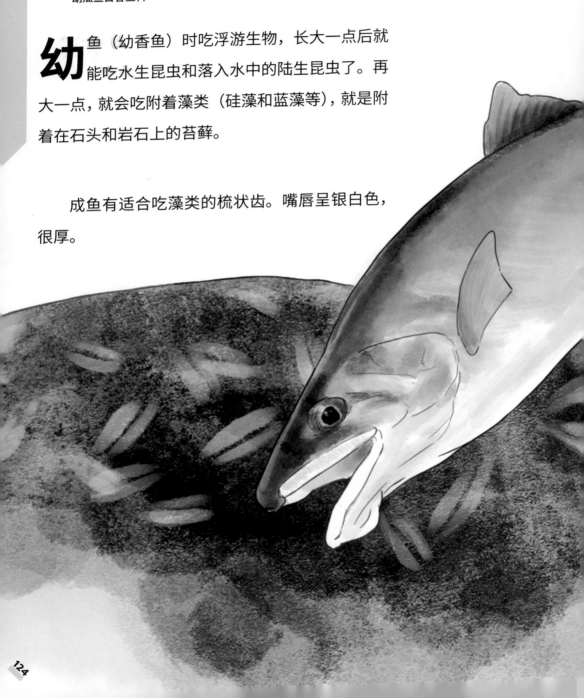

牙齿就像梳子

刮食藻类的牙

如下图所示，它的牙齿呈梳子状，方便吃青苔等。这种牙齿在以动物为食的幼鱼身上看不到。

香鱼的咬痕

在河底的石头上，能看到香鱼啃咬苔藓后留下的咬痕。这是香鱼的上颚和下颚在石头上留下的两条线。

小知识

囮子钓法

"香鱼钓香鱼"是指用囮子，而不是用饵料来钓香鱼的方法。这是利用香鱼为了保护地盘，一旦有别的香鱼靠近就会进行攻击的习性。

马

学名：*Equus caballus*
分类：脊索动物门哺乳纲
　　　奇蹄目马科

马也有
智齿？

哺乳动物的犬齿，一般食肉动物比较锋利，食草动物则会退化，但马这种食草动物的雄性有犬齿（犬牙）。雄马有40~42颗牙齿，雌马上下颚各少2颗，所以只有36~38颗。牙齿的数量之所以不一样，是因为有的马长了叫"狼齿"的牙，有的没长，就像人类的智齿一样。

看牙齿可以知道年龄

和牛等动物不同，马一上了年纪，它的门牙就会变得像喙一样向前突出。通过看马嘴，就能知道马的大概年龄。这张图上的马还很年轻。

适合吃草的牙

马嘴的前端排列着可以咬断草的门牙，里面则是用来磨碎食物的臼齿。

只有雄马才有犬齿

犬齿只有雄马有。如左图所示，雌马没有犬齿，对应的部位是光滑的。

为夺取异性而争斗

雄马之间会互相打斗，又咬又踢，得胜者能赢得一群母马。

小知识

关系人和马的

人为了吃马肉和让它们干活，把马变成了家畜。现在的马，要么是家马，要么是家马变成的野马。蒙古马是家马的原种，数量很少，但在动物园里能看到。

日本蝮

学名：*Gloydius blomhoffii*

分类：脊索动物门爬虫纲
有鳞目蝰科

日本蝮是毒蛇的一种。因为下颚左右分开，所以能够吞噬较大的猎物。另外，供蛇呼吸的喉口开在其口腔的前方，即使口中含着猎物也能呼吸，嘴的结构很适合吞吃大的猎物。

说到蛇，给人的印象就是有毒，但很多蛇是没有毒牙的。在毒蛇中，有个毒牙呈折叠式的种类叫管牙类。长长的尖牙平时沿着上颚折叠起来，咬猎物时才会张开。

牙齿是折叠式的

伸舌头的原因

它在靠近猎物或者变得活跃时会不停地吐舌头。舌头能感觉气味、温度和空气的流动。

进化成了适合捕猎的牙

下图是管牙类的日本蝮。上颚有锋利的牙齿，下颚的骨头左右分开，能自由活动。因此，大的猎物也吞得下。

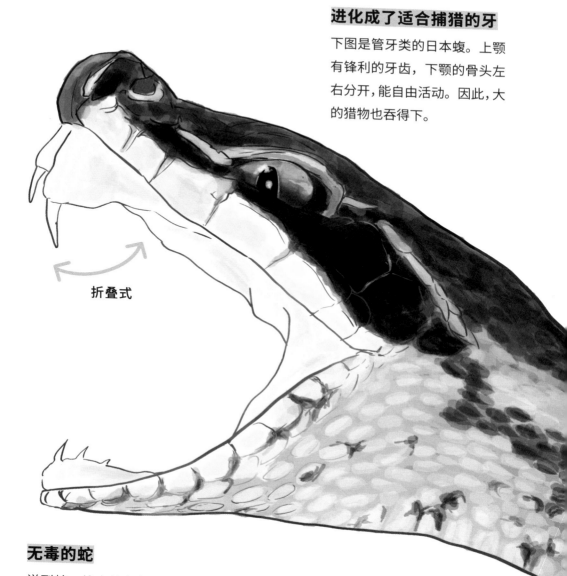

折叠式

无毒的蛇

说到蛇，给人的印象是有毒，但日本的蛇大多是无毒的。不过蛇的嘴里排列着像针一样锋利的牙齿，观察的时候一定要小心。

* 千万不要靠近有毒的蛇。

小知识

毒蛇种种

毒牙可折叠的蛇（管牙类）有长长的尖牙，它咬一下猎物就放开，等猎物毒性发作。毒牙不可折叠的蛇（前牙类）毒牙很短，咬住猎物就不会放开。下颚牙齿能左右分开活动也是它们的一个特点。

座头鲸

学名：*Megaptera novaeangliae*

分类：脊索动物门哺乳纲鲸偶蹄目
须鲸科

胡须
还是
牙齿？

胡须到底是什么

座头鲸的胡须原本是上颚的褶皱，胡须是由它们进化而来的。

嘴能张得很大的原因

座头鲸从嘴的下面到腹部有一道棱（筋）。进食时这道棱会伸长，嘴就能张得很大。

鲸

大致分为有牙齿的齿鲸和有胡须的须鲸两类。须鲸没有牙齿，齿鲸的牙齿数量因种类而异。

座头鲸是须鲸类。它的上颚排列着 200~400 条黑色的梳状胡须，把浮游生物和小鱼连同海水一起吸入嘴里，然后用胡须过滤后进食。

用气泡捕猎

在阿拉斯加南部沿岸，可以看到成群的座头鲸吹出气泡，把鲱鱼赶到气泡中一起捕猎的景象。

小知识 用反射 辨别

鲸没有发出声音的声带，但它能从喉咙和鼻道发出高频音（非常高）。它通过声波碰到物体后反射回来的信号，辨别水中物体的形状和距离。

专栏 06

颌骨变成了耳朵

哺乳动物的耳朵中有被称为锤骨、砧骨和镫骨的 3 种耳小骨。它们的作用是增强和传递声音的振动。这本书是写嘴的，这里却谈到耳朵，是因为耳朵本来是颌部的骨头。锤骨是关节骨、砧骨是方形骨，而镫骨是由舌颌骨进化而来的。

我们的祖先生活在水里的时候，很容易就能听到声音。因为声音在水中非常容易传播。但是，这些动物上岸后，四周都是难以传递声波的空气，就很难听到声音。因此，谁能进化出能传播声音的耳小柱，谁就更有优势，更有繁衍能力。哺乳动物的变化是构成颌部关节的另外 2 块骨头进入耳朵。这样一来，我们在空中也能听到很小的声音了。

对于至今仍然生活在水中的鱼类来说，这些骨头还是颌部的骨头。一度上岸又返回水中的鲸，虽然从外表看不出耳朵在哪里，却有 3 种耳小骨。

另外，颌部本身是由鳃进化来的。一想到无论是耳骨还是颌都是由鳃进化来的，不禁使人惊叹生物的进化是如此神奇。

词汇表（按韵母、声母排序）

e ### 颚

许多动物身上可见的器官，脊椎动物可以上下动，节肢动物可以左右动。七鳃鳗等圆口类动物没有颚。

二生齿性

一生只换一次牙，从乳牙换成恒牙。例如人和狗。多数哺乳动物都是一生齿性或二生齿性。

b ### 哺乳动物

最高等的脊椎动物，基本特点是靠母体的乳腺分泌乳汁哺育出生幼体。

p ### 爬行动物

脊椎动物的一纲，体表有鳞或甲，体温随着气温的高低而改变，用肺呼吸，卵生或卵胎生，无变态。如蛇、蜥蜴、龟、鳖、玳瑁等。旧称爬虫。

皮肤呼吸

使用身体表面进行的呼吸。两栖类进行皮肤呼吸的居多。也有没有肺和鳃，只靠皮肤呼吸的生物。

f ### 发育

生物自受精卵开始直到形成成熟个体所经历的一系列从简单到复杂的变化过程。

反刍

指某些动物进食一段时间后，将半消化的食物从胃里返回嘴里再次咀嚼的消化方式。使不易分解的植物纤维更容易消化。主要见于偶蹄目（牛等）。

肺

呼吸的重要器官。主要见于陆生脊椎动物，也见于少数水生动物。某些陆生无脊椎动物如蜗牛、蜘蛛等也有简单的肺。

浮游生物

行动能力微弱，主要受水流支配悬浮于水层中的生物。一般个体很小，在显微镜下才能看清其构造。

d

大臼齿

也称后臼齿,俗称磨牙,是人类和其他哺乳动物的一种牙齿。位于口腔后方,主要用来研磨和咀嚼食物。

t

绦虫

扁形动物，身体柔软，像带子，由许多节片构成，每个节片都有雌雄两性生殖器。常见的是钩绦虫和无钩绦虫两种，都能附着在宿主（如人和猪、牛等动物）的肠道里。

苔藓动物

除极少数为单体外，它们通常由很小的个体（似珊瑚虫的单个的动物）组成固着的群体，外包有坚硬的骨骼组成。

胎生动物

受精卵从母体中获取营养，以产胎儿方式生育子代的动物。

n

鸟

卵生，嘴内无齿，全身有羽毛。一般的鸟都会飞，也有两翼退化而不能飞行的。

l

两栖动物

脊椎动物的一纲，通常没有鳞或甲，皮肤没有毛，四肢有趾，没有爪，体温随着气温的高低而改变，卵生。幼时生活在水中，用鳃呼吸，长大时可以生活在陆地上，用肺和皮肤呼吸，如青蛙、蟾蜍、蝾螈等。

卵胎生动物

受精卵从自身卵黄中吸取营养，以产胎儿方式生育子代的动物。

卵生动物

以产卵方式生育子代的动物。卵在母体内已经受精，排出的是受精卵；或在母体释出后受精，形成受精卵。

k ## 口器

节肢动物口周围的器官，有摄取食物及感觉等作用。

h ## 恒牙

人和哺乳动物的乳牙脱落后长出的牙齿。恒牙是永久性的，脱落后不再长出替换的牙齿。。

后口动物

胚胎发育中，原肠胚的胚孔演化成为成体肛门或封闭后另外形成口的动物。苔藓动物门、腕足动物门、半索动物门、毛颚动物门、棘皮动物门、脊索动物门均为后口动物。

喙

鸟类取食、喂雏、防御及梳理羽毛的器官。形状和功能因种类而异。

j ## 棘皮动物

包括海星、蛇尾、海胆、海参和海百合等。因表皮一般具棘而得名。

脊索动物

包括原索动物和脊椎动物，脊索就像脊骨一样，是支撑身体的器官，但它有弹性而且柔软。一生都有脊索或幼体期有脊索的动物就是脊索动物。

脊椎动物

是脊索动物的一个亚门。包括鱼类、鸟类、哺乳类等有脊椎的动物。

咀嚼

把入口的食物咬成小块、磨碎。还有把唾液与食物混合，使其易于吞咽的作用。

甲壳动物

因最常见的大形种（如虾、龙虾、蟹等）常具坚硬外壳而得名。具二对触角，以鳃呼吸。

尖牙

牙的一种，通称犬牙，也叫犬齿。食肉动物和野猪的尖牙是犬牙，而大象和一角鲸的尖牙是门牙。

节肢动物

无脊椎动物中最大的一类，身体由许多环节构成。分为螯肢动物（如蝎子、蜘蛛等）、单肢动物（包括昆虫）和甲壳动物（如虾、蟹等）三个门。

进化

指生物的形态和行为等随着世代更替发生的变化。包括从现存物种中生成新物种、从原始生命向复杂多样的生命的变化等。

q

切牙

牙的一种，人的上下颌各有四枚，在上下颌前方的中央部位，牙冠呈凿形，便于切断食物。通称门牙，也叫门齿。

x　**小臼齿**

见于哺乳动物，是长在犬牙和大臼齿之间的臼齿。也叫前臼齿。

性二型

因性别而出现的大小、形态、颜色等方面的差异。这种进化主要是由是否育儿、是否为了吸引异性决定的。

性转换

指有的动物雄性会变成雌性，雌性会变成雄性，也有可以变来变去的动物。

ch　**齿舌**

软体动物消化器官的重要组成部分，是其口球内的一个摄食器官。

齿式

用公式表示的哺乳动物牙齿的排列。由字母加上数字的分数形式构成。

I= 门牙，C= 犬牙，P= 小臼齿，M= 大臼齿

sh　**舌头**

拥有触觉、味觉、发声、吞咽等功能的器官。脊椎动物的舌头是肉质的，鱼类的舌头一般是不能动的。

生长

生物的生长是生物体或其一部分的体积、干物重或细胞数目增长的过程。

r　**乳牙**

人和哺乳动物出生后不久长出来的牙。

软体动物

无脊椎动物的一门，体柔软，没有环节，两侧对称，足是肉质，多数具有

钙质的硬壳，生活在水中和陆地上。例如鲍、田螺、蜗牛、文蛤、章鱼、乌贼等。

软骨鱼
鱼的一大类，骨骼全由软骨构成，鳞片多为粒状，或全体无鳞，体内受精。多生活在海洋中。常见的有鲨鱼、鳐等。

c

雌雄同体
一生中同时拥有雄性和雌性生殖构造的生物个体。雄性和雌性不同个体的称为雌雄异体。人是雌雄异体。

s

鳃
生活在水中的动物的呼吸器官，有的还具有过滤食物的功能。

鳃呼吸
用鳃进行的呼吸。通过鳃，使水中的氧气进入血液，同时排出血液中的二氧化碳。

碎屑
小的有机物粒子，由生物的尸体、排泄物、蜕下的皮壳、落叶等形成。

y

牙床
牙龈的通称。牙齿附着的部位，对牙齿起到支撑、固定的作用。牛等反刍动物的上牙龈变硬，起到像牙齿一样的作用。

鱼
生活在水中，主要进行鳃呼吸。身体上有脊骨，在水中运动，因此有鳍。多数身体表面有鳞片。

一生只长一次的牙

指只长一次、不换的牙齿。象的獠牙（门牙）和人的大臼齿等都属于此类。也有持续生长的情况。

原口动物
胚胎发育中，由原肠胚的胚孔持续存留并演化成为成体口的动物。包括节肢动物、软体动物等。

w 无脊椎动物
体内没有脊椎或脊索的动物。包括原生动物、海绵动物、节肢动物、软体动物、棘皮动物、腔肠动物等。

自主研究的方法

1　确立一个假说

对于自己的疑问，自己思考答案。

⇓

2　制订调研计划

先思考一下如何开展调研。

通过网络和图书馆，查找研究方法，以及有没有类似的研究。

⇓

3　调研

开展调研。

在野外捕捉动物，从超市买鱼或者别的动物来进行观察。

* 如果是野外抓来的动物，一定要放归原处。

* 不要破坏生态环境。

⇓

4　撰写报告

报告按照假设、调研目的、调研方法、调研成果、结论的顺序来写。

参考文献写在最后。

02

对调研有用的工具

1 **放大镜**

放大镜可以放大动物，便于观察。如果用放大镜也看不见，也许就要使用显微镜。

* 先学习一下显微镜的操作方法，然后再使用。

2 **双筒望远镜**

观察无法捕捉或无法近距离观察的动物时使用。

3 **野外笔记簿+铅笔**

野外笔记簿是专供野外使用的笔记簿。它不沾水、不易破。记笔记用铅笔或自动铅笔。

4 **照相机**

用来记录我们观察到的东西。

5 **笔记本电脑和网络**

写报告，查找不明白的内容时使用。

* 选择大学或研究机构等可靠的网站。

6 **好奇心！**

这比什么都重要。

亲自调研掌握知识 03

提 高 调 研 水 平！

1级水平

图书馆
除了查阅资料以外，还可以咨询图书管理员，这样可以获取更多信息。

身边的
信息也很多！

2级水平

超市
买些没有切开和未煮熟的鱼和贝来观察。

3级水平

动物园·水族馆
除了自己观察外，还可以向饲养员请教，扩大知识面。仔细了解一下这些机构主办的各类活动。

观察
活物！

4级水平

野外
到山林、大海、河流、自然公园等有野生动物的地方去，培养观察能力。推荐大家加入相关社团。

5级水平

大学
在大学的生物学、农学、水产学、兽医学、畜产学等专业学习专业知识。

想正式
调研的话！

6级水平

论文
研究人员的最新研究成果会以论文的形式发表。有些论文大家都能读懂。

主编：长谷川真理子

1952 年生于东京。自然人类学者。毕业于东京大学理学系。东京大学研究生院理学系研究科博士课程结业。专业是行为生态学。

曾任耶鲁大学人类学系客座副教授、早稻田大学教授等职，现任综合研究大学院大学校长。曾研究过野生黑猩猩、黇鹿、野羊和孔雀等。目前正专注于人的进化、科学与社会的关系等课题的研究。

主要著作有《围绕生物的 4 个"为什么"》（集英社新书）、《人为什么会生病》（Wedge 选书）、《动物的生存战略》（左右社）等。

绘者：岩间翠

1990 年生于长野县。网络设计师、作家、插画家。

北海道大学研究生院生命科学院结业。从小喜欢动物、绘画，高中时参加生物社团浪迹山野，大学的专业也是生物。为了绘画观察生物，为了理解用心绘画，以动物知识为基础进行绘画。

装帧设计　镰内文（细山田设计事务所）

图书在版编目（CIP）数据

　　动物口图鉴：看！好大的嘴 /（日）长谷川真理子
主编；（日）岩间翠绘；戴蓉译 . — 北京：北京联合
出版公司 , 2023.5

　　ISBN 978-7-5596-6639-0

　　Ⅰ . ①动… Ⅱ . ①长… ②岩… ③戴… Ⅲ . ①动物—

儿童读物 Ⅳ . ① Q95-49

　　中国国家版本馆 CIP 数据核字 (2023) 第 025315 号

KUCHI WO AKETARA SUGOINDESU！IKIMONO KUCHI ZUKAN

Copyright © 2021 Mariko Hasegawa, Midori Iwama

Chinese translation rights in simplified characters arranged with Impress Corporation
through Japan UNI Agency, Inc., Tokyo and CA-LINK International LLC, Beijing

All rights reserved

　　北京市版权局著作权合同登记　图字：01-2022-5627

动物口图鉴：看！好大的嘴

主　　编：［日］长谷川真理子
绘　　者：［日］岩间翠
译　　者：戴　蓉
出 品 人：赵红仕
策划监制：王晨曦
责任编辑：张　萌
特约编辑：陈艺端
美术编辑：陈雪莲
营销支持：风不动

北京联合出版公司出版
（北京市西城区德外大 83 号楼 9 层　100088）
北京联合天畅文化传播公司发行
上海盛通时代印刷有限公司印刷　新华书店经销
字数 90 千字　720 毫米 ×1000 毫米　1/16　9 印张
2023 年 5 月第 1 版　2023 年 5 月第 1 次印刷
ISBN 978-7-5596-6639-0
定价：78.00 元